日本の香りと室礼

伝えていきたい美しい文化

❖宮沢敏子❖

八坂書房

あなたの記憶の扉を開いてみると、
幼い日から積み重ねてきた
多くの香りの印象が刻み込まれていることでしょう。

人間がいてそして自然がある
という西洋の考え方に対し、
自然とともに人は存在する
という東洋的思想の中で暮らしてきた私たちにとって、
自然とともに歩むことは当たり前のことであり
また、大きな喜びでもありました。

四季の移り変わりとともに食卓を彩る旬の素材、
順番を待つかのように咲き競う花々、
遠く連なる山並みを眺めれば、
芽吹きから若葉そして成長し枯れ落ちるまでの樹々の営みに
人の一生を重ね合わせることもあったことでしょう。

季節を大切に過ごす日本の人々に継承されてきた風習には、
自然からはなたれる芳香があふれているのです。

歴史に刻まれてきた日本の香りに、
日々に潤いをもたらす室礼文化をまじえ、
日本の美の源流を見つめてみることにしましょう。

【日本の香りと室礼 目次】

I 日本の香りと室礼

〔三月三日〕 上巳 54

〔五月五日〕 端午 65

〈香と室礼の会〉 68

II　王朝人の十二カ月

Ⅲ お香の原料

Ⅰ 日本の香りと室礼

- ❖その一　供える
- ❖その二　くゆらす
- ❖その三　飾る
- ❖その四　清める
- ❖その五　身にまとう

その一 ― 供える

❖仏教の伝来と香

日本は古来より、中国や朝鮮などアジア諸国の文化を取り入れてきました。その中でもとくに大きな影響を受けたのが仏教の伝来でしょう。そしてこの出来事が日本に香りの文化を根付かせることへとつながっていきます。

香木が生育しない日本において初めて嗅ぐ沈香《じんこう》や白檀《びゃくだん》の香りは、なんとも神秘的で、陶酔境へと誘うものでした。

まだ日本という国名はなく「倭の国」と呼ばれていた時代、海を渡ってきた異国からの使者が飛鳥の地の天皇のもとへ訪れます。「欽明天皇七（五三八）年、百済の聖明王の使いで訪れた使者が天皇に金堂の釈迦如来像一体と経典数巻・仏具などを献上した……」（『日本書紀』）。日本に仏教の教えが伝来した瞬間です。

仏教の生まれた国「インド」は大変に暑さが厳しい国として知られていますが、住まいを清潔にたもち自らの体臭を消すため殺菌作用のある香料を用いる習慣がありました。もともと多くの芳香植物に恵まれた土地柄もあり、紀元前六世紀頃に誕生したお釈迦様の時代以前から、香の使用は欠かせないものとなっていたのでしょう。

ゆえに、日本への仏教の伝来は異国の香料の伝来でもあり、日本人は今まで触れたことのない香りの世界を体験することになったのです。

仏前に良い香りを漂わせるのは非常に大切なことで、香りは心を鎮め神仏との特別な交流の場をつくりだすものでした。香料のもつ抗菌作用や昂進鎮静作用によって仏前は清らかになり、儀式は厳かな雰囲気へと変化していったのです。

私たちは現在、亡くなった人を慰問するとき香典としてお金を包んで行きますが、古代インドでは死者の弔いに使用する「香」そのものを参列者が持参する、というのが習わしでした。仏陀が茶毘《だび》に付される際にはじつに大量の白檀が用いられたと伝えられますが、現在でも火葬の折には香木が焚かれます。豊かな者は薪として貧しい者には少量の白檀片が投じられ、死者の魂は神々が喜ぶ香りと共にガンジス川の流れにのって来世へと旅立っていくのです。

香料箱　沈香、白檀、肉桂、丁子、大茴香など渡来の様々な香料

［蓮の香り］

『維摩経《ゆいまきょう》』という経典の中に、香積如来菩薩《こうしゃくにょらいぼさつ》が住まわれるという「衆香国」の話が記されていますのでご紹介しましょう。

その国の楼閣は香でできており、園は香樹香花に満ち、食する香飯《こうぼん》の香りは世界の隅々にまで漂うほどで、これを口にしたものは心身が安楽になり、全身から芳香を発するようになるといわれます。

香積如来は言葉による説法は行わず、ただ香樹の下で香りを聞かせて天人たちを導きます。菩薩たちは妙なる香りを嗅ぐことで仏の教えを理解し、「一切徳蔵三昧《いっさいとくぞうざんまい》」の境地へと導かれるのです。

神秘に満ちた香りには、魂を震わせ心を高みへと導く力が秘められているのでしょうか。

古代エジプトの神殿で太陽神ラーに捧げられた薫香、教会で振り子のように揺れる銀香炉よりもくもくと立ち昇る香煙、そして仏前で読経とともに薫かれる香。いにしえの時代より、祈りの場では香りが重要な役割を担ってきました。人々は香りに包まれることで神聖な空間に結界をつくるかのようにその場を清浄《しょうじょう》へと導き、おおいなる神と交信する手立てとしてきたのです。人知の及ばない天が生み出した芳香には、言葉を尽くした説法にも勝る力が宿っていることを改めて感じます。

蓮香を振りまく香積如来菩薩
中国敦煌　第六十一窟壁画より

中国・敦煌の壁画には、神聖な蓮華の香りを振りまき教えを説く香積如来菩薩の姿が描かれています。衣がゆったりとなびく様がたいそう優美です。

島根県出雲地方の蓮池

白薩摩焼とは、四百年の歴史をもつ藩主御用達の陶磁器です。ぬくもりある象牙色の肌に、赤青紫緑金の色彩がほどこされた華麗な色絵錦手。当品は蓮池のありのままの情景を繊細な筆遣いで描いた趣深い茶碗です。

「白薩摩焼　蓮池花鳥文茶碗」
江戸時代中期　直径 10 ㎝

輪廻『蓮の香り』

＊＊＊

・流水に亀図伊万里鉢　・江戸更紗古帛紗

料理のように中高に、そして立体的に蓮の実のポプリを盛り付けます。

〔材料〕
- 蓮の花托（大小）　4〜5ヶ
- 松笠など木の実　適宜
- 小判草　一束
- 末枯れた紫陽花や蔓・種など

〔香調合〕
- 大茴香《だいういきょう》　2ヶ
- 丁子　小さじ半分
- 桂皮　小さじ1
- 龍脳《りゅうのう》　小さじ1
- 匂い菖蒲根　小さじ1
- 白檀オイル　3滴
- 丁子オイル　1滴
- 安息香オイル　2滴

蓮の実のポプリには、蓮の花托の他、木の実や末枯れた草花など、終わりを告げ来世へと命をつなげた植物を集めて盛り付けましょう。キラキラと水面を揺らす陽の光のように美しい龍脳は、天上の花にふさわしい蓮に寄り添うようにして香りを放ち、静かにその生涯を讃えます。

泥の中に咲く神秘的な花「蓮」。
清美たるこの花に特別な想いを抱く方もきっと多いことでしょう。私自身も水面からすくっと頭を出しゆっくりと蕾をほどく姿を眺める時、まるで光が集められていくかのような眩しさを感じ、とても不思議な気持ちになるのです。

その花は、早朝五時から六時にかけてゆっくりと蕾を開き始めます。おもに雄しべから放散される芳香は、真夏の厳しい陽射しを浴びるにつれ水面の蒸気と相まってあたり一面に甘い香りを漂わせ、開いては閉じるを三日ほど繰り返した花びらは、やがて力を失うかのようにほろりと散りゆき、後には青い花托のみが残ります。蜂巣の実の成熟とともに固くしわがれ褐色へと変化していった花托は、二十日の後には生命のすべてを子孫へと託し、力尽きたかのように頭《こうべ》をたれるのでした。

[龍脳]

古代インドやマレー、スマトラなど熱帯の地域には、龍脳樹《りゅうのうじゅ》というフタバガキ科の常緑高木が生育していました。その年月を経た老木の割れた裂け目からみつかったのが、強烈な香気を放つ顆粒状の結晶「龍脳」です。しかしそうした天然の龍脳は非常にまれにしか発見されず、採れたとしても極々わずかな量でした。そのため当時は、沈香《じんこう》や麝香《じゃこう》そして黄金よりもはるかに貴重な宝物としてあつかわれ、香料というよりも王侯貴族のための「高貴な秘薬」という存在でした。

キラキラと霜柱のように輝くその白い結晶は、割れるような頭痛を一瞬にして癒したといわれます。

［献花］

私の主宰する「香りと室礼教室」に、薬師寺とご縁の深い生徒さんがいらっしゃいます。先日、その方より「修二会花会式《しゅにえはなえしき》」に供えられた「作り花」をいただきました。

修二会とは仏教儀式のひとつで、旧年の穢れを祓い国家の安泰と有縁の人々の幸福を祈願する法会のことで、東大寺二月堂の「お水取り」は大変有名です。

薬師寺では、ご本尊である薬師三尊像に、丁寧に作られた十種の造花をお供えします。梅・杜若《かきつばた》・百合・菊そして椿など作り花の作業は古来の伝統を継承したもので、和紙を薬草で染め、花弁形に裁断、それぞれのパーツを丸めよじるなどして成形したのち、米粉を火にかけて練り上げた糊を用いて竹串に貼りながら一枝ずつ念入りに作り上げていくのです。

薬師寺にはかつて広大な薬草園がありました。漢方薬としての効能をもつ薬草で染められた作り花は、儀式ののち信徒へと配られ、人々は大切に持ち帰り薬として用いたと伝えられます。紫に染まる紫根《しこん》は火傷や切り傷の薬に、茜《あかね》や紅花は婦人病に、そしてウコンには皮膚病を癒す薬効がそなわっているのです。薬が大変貴重だった時代、人の病を癒すという薬師如来の霊験をあびた花々は、どんな

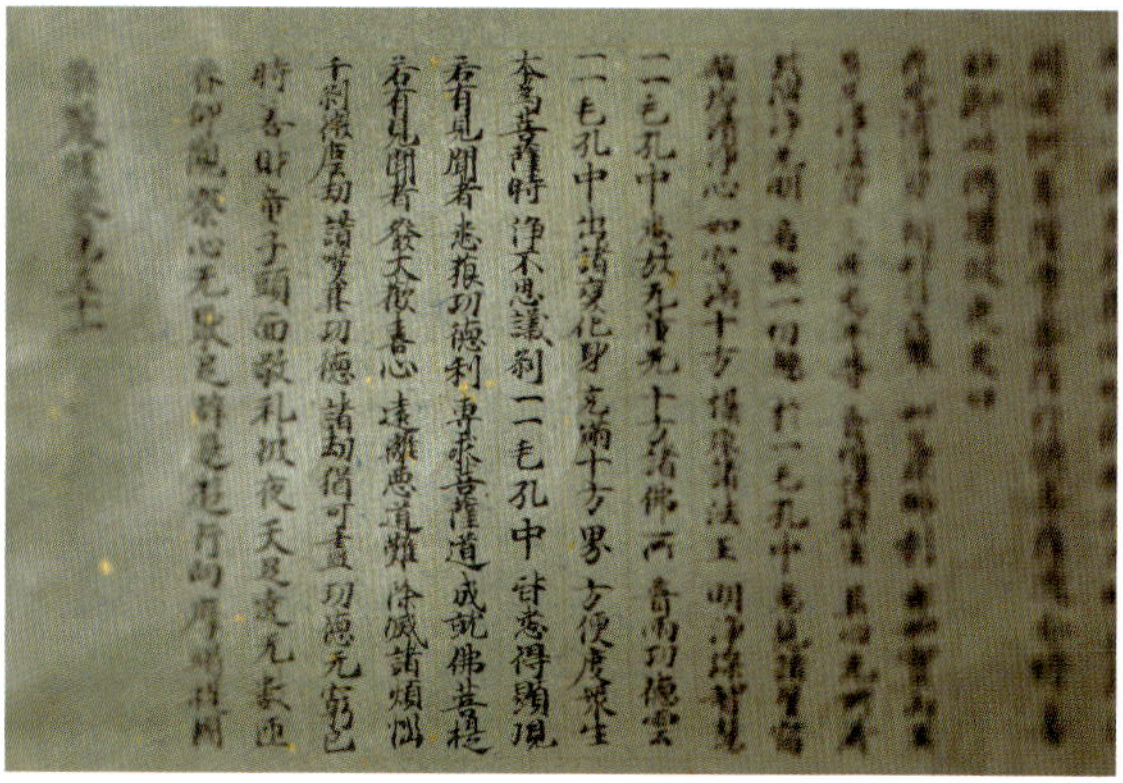

「泉福寺　装飾華厳経切」
平安時代

・薬師寺修二会作り花　白椿
・象耳華瓶花入れ
・太子合掌童子香合

大阪の泉福寺が蔵していた「華厳経」は、戦乱の世の火災にあって一部が焼損したため泉福寺焼経とも呼ばれますが、第五十一巻の巻末であるこの断片は難を逃れ生き延びてきました。青味を帯びた美しい料紙に唐風の謹厳な楷書で綴られた経文には、平安人の浄土に対する思いが込められています。

薬師寺修二会花会式の作り花
椿と山吹

花を手に取り眺めると、実に丁寧に作られていることがわかります。柔らかい和紙の手触りも相まって、信者の方々の祈りへの真摯な思いが伝わってくるようです。

合掌『献花』

＊ ＊ ＊

「泉福寺　装飾華厳経切」軸装
・薬師寺修二会作り花　白椿　・象耳華瓶花入れ
・黒漆螺鈿装飾春日卓　・太子合掌童子香合

にかありがたかったことでしょう。

「泉福寺　装飾華厳経切」。このお軸との出会いは父が亡くなったときに遡ります。暑い盛りでの葬儀の時、古物を扱っている義兄がそっと飾ってくれたのです。私の心が現世を去り天に召された父へと向かっていたからでしょうか。連なる端正な文字を眺めていると何とも表現しがたい美しさに心が引き込まれます。それ以後この軸が私の心から離れることはありませんでした。

一年を経たところ、父の供養にぜひ写経を飾りたいと思い立ち義兄に相談したところ、これを譲ってくれたのです。それからこの軸は私の無二の宝物となりました。心静かにしつらえると、目を伏せ静かに微笑む頑固で一途だった父の面影が思い出されます。

写経は本格的な書写に先立ち、貴重な紙を漉き一巻の巻物に作ることから始まります。泉福寺の「華厳経《けごんきょう》」には、藍の染料で染めた紙の繊維を再び水に溶いて漉き上げた上に金の揉み箔を散らした美しい料紙が使われました。釈迦入滅後、二千年を経過すると悟りを得る者は一人としていなくなるという末法思想は、飢饉や疫病の続く平安人に不安をつのらせ末法の到来を予感させます。人々は阿弥陀如来に救いを求め浄土信仰が盛んとなり、仏への帰依に基づいた写経が盛んに行われました。

父の冥福の祈りとともに平安時代の写経を飾り、薬師寺の作り花を献花いたします。

供え台は、螺鈿《らでん》と金具で装飾された黒漆時代春日卓《かすがじゅく》を用いました。合掌をした愛らしい聖徳太子の香合とともに、仏器である象耳華瓶《けびょう》花入れに心を込めそっと花をたむけます。真白く清らかな椿の花に顔を近づけると、ほのかにお香の匂いが漂うのでした。

［紫雲］

紫雲《しうん》とは、極楽往生できた証として流れる紫の雲のこと。仏教においては臨終の時、美しい音色とかぐわしい芳香とともに紫雲に乗った阿弥陀如来が現われ、死者を浄土へ導くと伝えられます。ここでは、華麗に咲き誇る牡丹の花を三島由紀夫氏に、紅白の芍薬《しゃくやく》を彼のご両親に見立て、生き急ぐように旅立った作家の冥福を祈ります。

牡丹の花が開いた時の華やかさは、息をのむほどに美しく、まさに「百花の王」と呼ぶにふさわしいといえるでしょう。しかしながら牡丹には香りがありません。一方、花期も重なり大変よく似た芍薬には、薔薇の芳香を優しくしたような甘い香りが備わっています。崩れ落ちた牡丹の花をそっと包み込む芍薬の甘い香り、インカのシャーマンが使用したと

「阿弥陀二十五菩薩来迎図」（部分）
鎌倉時代　京都・知恩院蔵

紫雲『牡丹と芍薬』

* * *

・籠目編み籠　・李朝羅州盤《ナジュバン》　・皇帝龍文袋帯
「松鶴図屛風」　狩野常信作　江戸時代

〔香調合〕　牡丹、芍薬、緑檀《パロサント》原木片、高砂百合の莢、鈴薔薇の実
松風草、丁子、八角、零陵香、黒胡椒

「皇帝龍文袋帯」

龍は紀元前の中国で生み出された想像上の霊獣で、角は鹿、頭はラクダ、目は鬼、うなじは蛇、腹は蜃（蜃気楼を起こすとされる幻の生きもの）、鱗は魚、爪は鷹、掌は虎、耳は牛に似ているといわれます。古来より願いを叶え厄災を打ち払う神仏の化身として尊ばれ、唐時代には権力の象徴として皇帝の衣服を飾るようになりました。龍の格は前脚の鈎爪の数で定められており、五本爪は皇帝のみが使うことを許された文様でした。

いう香木パロサントの聖なる芳香は、零陵香《れいりょうこう》が放つ苦みと、八角・丁子そして黒胡椒の辛い刺激とともに複雑に絡み合い、走り抜けた作家の魂を天界へと導きます。

敷物には、息子の才能を喜び常に擁護し続けた母・平岡倭文重《しずえ》さんの龍の帯を用いました。三島は書き上げた原稿を誰よりも早く母へ届けたといわれます。息子の死を予感し「死んではいけません」という言葉を喉の奥に押さえこんでいたと伝えられる母は、最後の著書となった『豊饒の海』をどのような思いで手に取られたのでしょうか。背景にしつらえた「松鶴図屏風」には、親子のように仲睦まじく集う三羽の鶴が描かれています。

❖作家・三島由紀夫

三島由紀夫・本名平岡公威《きみたけ》は、一九二五（大正十四）年官僚であった平岡梓《あずさ》と学者の父をもつ母・倭文重の長男として生まれます。

誕生してすぐに「赤ん坊に二階は危い」という理由から取り上げられ、授乳の時以外は一階に住む祖母の部屋で育てられることになりました。そうした生活は、じつに彼が学習院中等科に進学するまで続くことになります。坐骨神経痛を病みヒステリーを起こすこともあった感情の激しい祖母は、孫の遊び相手におとなしい年上の女の子をあてがい外で遊ぶことを禁じたため、三島は線の細い病弱な少年に育っていきました。

しかし、幼少より室内で本を読みふけり祖母の好きな歌舞伎や能に親しんでいたことから六歳にして詩歌や俳句に秀で、学習院初等科では頻繁に校誌に掲載されるなどの神童ぶりを発揮します。

十六歳の時には小説『花ざかりの森』を文学雑誌『文藝文化』に連載、この小説は現在でも三島の代表作の一つといわれるほどに完成されたものでした。その後、学習院高等科を首席で卒業、東大法学部に進学した後に父の意思に従い大蔵省へと入省します。

しかしながら、すでに文学界で評判となり文筆活動を始めていた三島にとって官使と作家の両立は難しく、半年余りで辞表を提出、翌年二十四歳の時に書き下ろした長編小説『仮面の告白』によって作家としての地位を確立するのでした。

その後『潮騒』や『金閣寺』など次々に名作を世に送り出していく彼でしたが、四十五歳となった一九七〇年十一月自衛隊市ヶ谷駐屯地を占拠、憂国の覚醒と決起を唱えて激をとばした後に割腹自決をとげたことは皆様の知るところでしょう。当時小学生だった私は、大人たちが大騒ぎをしてテレビに見入り騒然とした空気が漂っていたことを思い出します。

三島由紀夫が自決をしてからわずか二年後、父である平岡梓は自らの思いを『伜・三島由紀夫』という著書に綴ります。幼少期より稀有の才能をあらわし文学に没頭していく息子に対し父は時に原稿を破り捨てて激しく叱責、官僚になることを諭し続けるのでした。

三島由紀夫6歳。初等科入学の頃（1931年4月）

父の願い通り大蔵省へと入省した三島でしたが、作家への夢は捨てきれず勤務と執筆による疲労のためホームから落下するという事故を起こします。大事には至りませんでしたが、このことをきっかけに父は息子の文筆活動を許すことになりました。

ベストセラーを連発し、ノーベル文学賞の候補にも挙がるほど海外での評価も高まり、近代の日本を代表する作家となった三島由紀夫がおこしたセンセーショナルな事件はその後もマスコミに頻繁に取り上げられ、それらは時にスキャンダラスに報じられるのでした。

いっこうに鎮火しない世論の中、発表された梓氏の著書を読むと、冷静にそして懸命に自らの心を整理しながら息子の行動を理解しようとする父の思いが伝わり胸を打たれます。

❖皇帝龍の帯

月日が経ち大人となった私は、御茶ノ水の設計事務所に勤めていたこともあり、頻繁に神田の古書店街に足を運ぶようになりました。そしてある時、棚に並んでいた三島由紀夫の『仮面の告白』を何気なく手に取ります。古い文字で綴られたその小説は、読み始める間もなく著者が天才であることを知らしめるものでした。

そうしたある日、時代をまとった古い帯が私の家に届けられます。焼けたたとう紙をそっと開くと、そこには真正面を見据え両眼をカッと見開いた龍が立ち現れ、あまりの妖気に思わず息を呑むのでした。

ひと目で高価な品であると判るその帯は、三島家の遺品整理を依頼された方が庭に積まれていたおもちゃとともにお持ち下さったもので、その見事な文様と年代から三島由紀夫のお母様のものと伝えられました。

この帯を手にしたことによって私は、三島由紀夫という天才を輩出したご家族を近くに感じ、また彼らがただならぬ人々であったことを実感することになるのです。

その後、幾度となく包みを開いてみるものの、漂いくる強烈なエネルギーに胸が高鳴り触れることさえできず再び箪笥の奥へとしまい込みます。そうしたことを何度繰り返したことでしょう。ようやく身に着けることができたのは、かれこれ十年も後のことになりました。自分で初めて誂《あつら》えた中国刺繍汕頭《すわとう》の着物が仕上がってきたとき、自然と帯を締めることができたのです。やっとふさわしい着物をととのえられたこと、そしてまた分不相応な私にようやくお許しがくだされたような、そんな気持となり一人感慨に耽るのでした。

日本では大正から昭和初期にかけて上流階級の婦人の間でこの文様が流行となり、身に着けることがステイタスであったといわれます。三島家の龍の帯は所々端が擦り切れ黒の地色がのぞいていましたが、それはお母様が愛着をもって頻繁に着用なさっていた証でもありました。仕立て直したことで少し細くなった帯ですが、眺めるたびに私の思いはご家族へと向かい、そっと手を合わせるのです。

その二――くゆらす

［薫物｜練香］

『源氏物語』「梅枝《うめがえ》」の巻には、源氏の娘である明石の姫君が東宮《とうぐう》に入内《じゅだい》することとなり、持参させるための薫物《たきもの》の調合を四人の女性たちに競わせるという話が綴られています。平安時代の香りの主流は「練香《ねりこう》」と呼ばれるものでした。

渡来ものの様々な香料を粉末にして調合する練香は、微妙な匙加減で香りに変化が生じます。平安貴族にとって優れた薫物をくゆらすことは、香りを聞いたその一瞬でその方の身分から人格・教養までを明かしてしまうほどに重要だったため、人々は優れた練香の調合にいそしんでいたのです。

この薫物合わせに参加した四人の女性たちは、それぞれの人となりを表すかのような香を調合し、源氏の君を喜ばせます。

朝顔斎院

女同士の嫉妬に巻き込まれるのを避け最後まで源氏の愛を拒み続けた朝顔斎院《あさがおのさいいん》は、もっとも格の高い「黒方《くろほう》」を趣ある伝統的な香りに仕上げました。フォーマルで正統なその芳香は、生まれ育ちが高貴で芯の強い朝顔斎院にふさわしいものでした。

紫の上

紫の上の調合した「梅花《ばいか》」は、梅の花になぞらえた華やかな仕上がりとなりました。作者である紫式部は、源氏の寵愛を誰よりも受けた紫の上に、当時もっともモダンで注目に値する梅の香を作らせ、この花に見合った女性であることを示したのでしょう。

花散里

すべてにおいて控えめで源氏をじっと待ち優しく迎える花散里《はなちるさと》の御方《おんかた》は、夏のしめやかなる香り「荷葉《かよう》」を調合しました。荷葉とは蓮の葉のことで夏の厳しい暑さの中、涼やかさを印象づける芳香です。処方された「安息香《あんそくこう》」が、清涼感漂う香りに仕上げます。

［紅梅］
清少納言は『枕草子』に「梅の花はうす色でも濃い花でも、とにかく紅い花……」と記しています。季節を色に染め上げ、衣として身にまとっていた宮廷の女性たちにとって、少し青味がかったやさしい紅梅色は、このうえなく優雅な早春の色として映ったことでしょう。

明石の御方

では、四人目の女性・明石《あかし》の御方《おんかた》は、どのような香を作ったのでしょうか？

姫君の実母である彼女は、源氏が須磨《すま》に隠遁《いんとん》している時に知り合った女性で、生まれた女の子とともに京へと呼び寄せられます。源氏は娘を高位の方へ嫁がせようと考えましたが、それには母親である明石の御方よりも高貴な後立《うしろだて》が必要なため、姫君の養育を紫の上に託すことにしたのでした。

愛するわが子を手放さなければならない明石の御方、子を欲しいと思うものの授からず、他の女性との子を育てることになった紫の上。双方にとり胸を痛める現実でしたが、姫君の愛らしいまなざしに紫の上の嫉妬もおさまり、やがて母となる喜びを感じ始めるのでした。

明石の御方は練香の代表とされる「六種《むくさ》の薫物《たきもの》」を調合することを控え、衣に薫きしめる「薫衣《くのえ》香《こう》」を作ります。その行為には他の姫君たちよりも劣っている自分の身分を考え、競い合うことを避けた彼女の賢さと奥ゆかしさが感じ取れるでしょう。

源氏の屋敷で行われた風流な薫物合わせの結果は、「どれも優劣しかねるほどに優れたものである」との蛍兵部卿宮《ほたるひょうぶのきょうのみや》の判定がくだされ和やかなままに終わりを迎えます。それぞれの女性たちの印象を忍ばせる薫物合わせとなりました。こうして姫君が入内した後、紫の上はこれ以後の後見人に明石の御方を立て、ふたたび実の母子が共に暮らす時が訪れるのです。

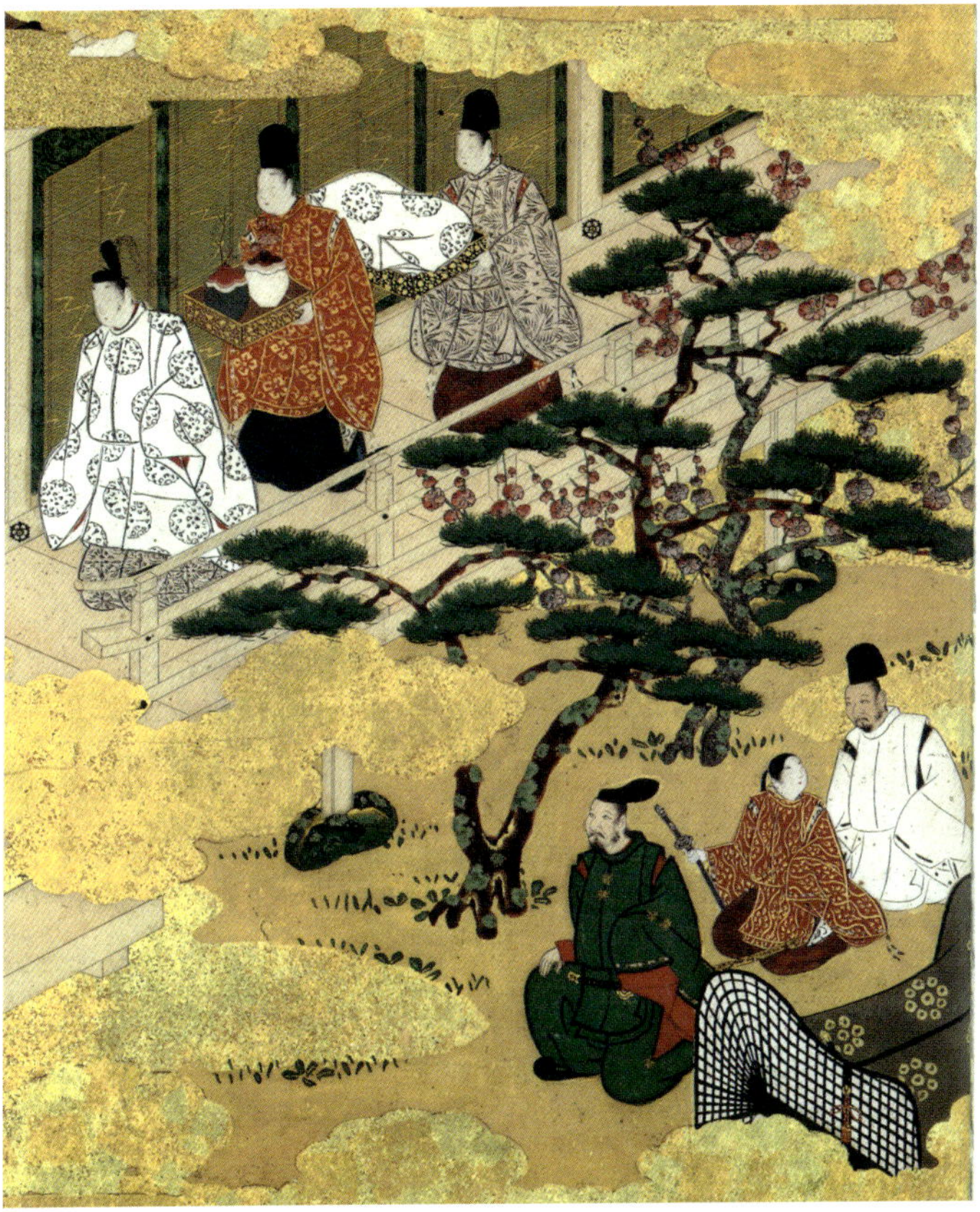

「源氏物語絵色紙帖」　梅枝
土佐光吉作　桃山時代
京都国立博物館蔵

薫物合わせを終えて帰途につく蛍兵部卿宮に、源氏は直衣に香の壺二つ（梅の枝を挿した「梅香」と松の枝を挿した「黒方」）を添えて土産物としました。

薫物合わせも終わり、月の出とともにお酒が運ばれてきました。寝殿の中は様々な薫香の香りに満ち満ち、雨上がりの柔らかい風にのって庭に咲く紅梅の清らかな芳香がしとやかに流れ込み、いいようもないほど雅な夕暮れとなりました。

やがて夜明けに帰るため席を立った蛍宮に、源氏は自分のために作られていた直衣《のうし》装束一揃と香の壺二つを土産として宮の牛車へ届けさせます。

花の香を　えならぬ袖に　うつしても　ことあやまりと　妹やとがめむ

「こんなに麗しい梅の香りを袖に移して帰りましたら、どこの女君と過ちを犯したのかと妻にとがめられることでしょう」と、和歌にしたためた蛍宮に対し源氏の君も和歌を贈ります。

めづらしと　ふるさと人も　待ちぞ見ん　花の錦を　着て帰る君

「珍しいことと家の人も待ち受けて見ることでしょう。梅の花の錦を着て帰られる貴方さまを」

しかし、じつはこの時、蛍宮は長年連れ添った北の方を亡くされたあとで、帰っても迎えてくれる妻はいなかったのです。その寂しい心情を覆い隠して歌にした宮に対し、源氏もまた彼の心に思いを馳せつつ和歌を贈ったのでした。ともに風雅を愛する男たちの知的な交流がみてとれます。

『源氏物語』には多くの登場人物とともにそれぞれの多様な人生模様が描かれていますが、作者・紫式部は、それらの場面を言葉で表現するだけでなく、じつに巧みに香りをくゆらせ、より情感深く言わんとすることを伝えているのです。

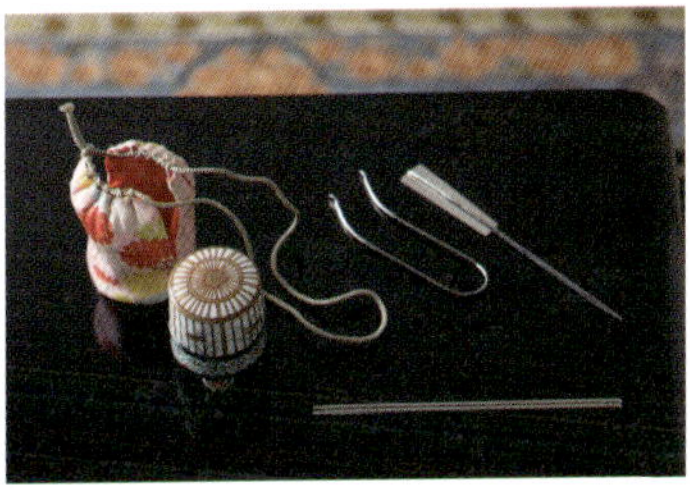

薫物『練香・虫の音』

＊＊＊

・竹虫籠型香合　・仕覆（錦紗）・香道具

静かな秋の夕暮れをイメージして調合した練香を、竹虫籠の香合に収めましょう。粉末状の様々な香料に蜜や炭粉を練り合わせて作る練香は、練るほどにつやつやと真黒く輝き始めます。香合には菊花模様の古裂「錦紗《きんしゃ》」を用いた仕覆《しふく》を着せました。中布には鮮やかな紅が美しい「紅絹《もみ》」を、つがり紐には細く編んだ長緒をとり合わせ愛らしく仕立てます。

微粉末の様々な香料を
練り合わせて作る練香

[薫物―印香]

半生状の「練香《ねりこう》」に対し「印香《いんこう》」とはよく乾燥させた薫物をさします。印香は、粉末状の香料をよく練り合わせたのちに板状にし、梅や桜などの型で型抜きをして作られます。練香も印香もともに直接火をつけるのではなく、熱した灰を用いて香りを引き出すことを基本とするお香です。印香は練香にくらべ香りの含みはやや浅くなりますが、姿に変化があることから飾りとして用いてもよいでしょう。

中国の香りの古典書『香乗《こうじょう》』の一節に「黒香餅《くろこうべい》」「黄香餅《おうこうべい》」という香名が登場しますが、この香餅こそ現在販売されている印香の起源といえるものです。

この名称が日本の記述に初めて登場するのは、琉球王国から江戸城へと貢がれた品々を記した献上品目録でした。そこに記されている香餅が中国からの渡来品か琉球で製作されたものかは判明していませんが、明の文人にことのほか愛されていたという香餅は日本の将軍にとっても大変珍しく貴重なものだったのでしょう。琉球王国からの献上は、一六四四年から二百年間の長きにわたって続きました。

先にも述べたように香木・練香・印香といった香は、線香のように直接火をつけることはせず、温めた灰の熱を利用してゆっくりと香りを引き出します。銀葉《ぎんよう》という雲母板《うんもばん》を使って薫く方法もありますが、ここではより手軽な手法をご紹介しましょう。

お香店に行くと、香を薫くための聞香炉《もんこうろ》・香炉灰・香炉炭などが販売されています。現在は松栄堂の「みやこ炭」のように、ライターで手軽に着火できる炭もありますので利用されるとよいでしょう。

まず香炉に灰を七〜八分目ほど入れて心持ち中高に整え、次に炭に着火し四分の一ほど白くなるのを待って灰の中に半分埋めるように置きます。ほどよく灰が温まってきたら火箸で香をつまみあげ、炭に直接触れない位置に置き、香りが立ち上ってくるのをゆっくり待ちましょう。次第に龍脳のすっとした芳香を感じ、白檀そして沈香の厳かな香りが室内に満ちていくことでしょう。

お香で来客をもてなすときは、到着される三十分ほど前に薫き終え、残《のこ》り香《が》でお迎えします。こうした香りは、何処からともなく漂う程度が奥ゆかしいのですね。

薫き終えた直後は、香炉も灰もすべて熱を帯び高温になっていますので扱いに注意しましょう。また、使用後の炭は密閉できる壺などに入れて火を消し、灰は上下にかき混ぜて放熱しておきます。

私はこれまで様々な香りを楽しんできましたが、練香の湿り気を帯びた深い味わいに勝るものはありません。練香の雅な芳香は、生ものであるがゆえに生みだされるもの。心をとらえるその訳は、オレンジに光る炭の火色と、手を添えると温かい香炉のぬくもりとも関係しているのかもしれません。

印香『和香餅《わこうべい》』

＊＊＊

〔香調合〕・白檀・桂皮・丁子・勲陸・タブ粉
・沈香精油・麝香精油・安息香精油

ザクロ・蓮・花梨の文様に型抜きした香に金沢の金箔で化粧を施した印香です。型には古い干菓子の木型を用いました。白檀や桂皮など天然素材だけで練り上げたお香は、じつに優しく心地よい芳香を放ちます。通常の印香は一センチ角を基本としますので、今回のように大きなものはちょうどよいサイズに割ってお使いください。華やかに仕上げた和香餅は、贈り物にも喜ばれることでしょう。

［見立て］

「見立《みた》て」とは、対象を別のものになぞらえて表現することです。本来は漢詩や和歌の技法から生まれた用語ですが、次第に芸術分野の多岐にわたって用いられるようになりました。そしてこの見立てこそ、日本の文化の奥行きを深め育んできた技法といえるのです。

侘茶を確立した偉大な茶人・千利休は、茶の道具でない多くのものを見立て茶道具としました。床を飾る花入れに関していえば、自ら藪に分け入って切り出した竹に窓をつけた「竹一重切り花入れ」、漁師の腰に吊るされた魚籠《びく》を譲り受けた「桂籠《かつらかご》」、さらに水筒として使われていた瓢簞《ひょうたん》を用いた花入れなど、誰も考えなかった「見立て」の手法で従来の茶道の価値感に変革を起こしたのです。

当時の茶の湯は唐物《からもの》と呼ばれる豪華で貴重な渡来品を用いるのが主流で、そうした高価な道具を愛でることが目的となっていたのです。何気ない日常の雑器に美を見出し、国焼の素朴な茶碗をよしとした利休の美意識は、師である珠光《じゅこう》や紹鷗《じょうおう》の説いた侘茶の精神を完成させていきます。

道具にとらわれている当時の茶の湯を否定し「一服の茶に心を尽くして客をもてなす」という本来の精神を、超越した発想で示す千利休の侘茶の湯。それは、単に人を驚かせるだけでなく客人をもてなす精一杯の心配りのあらわれでもあったのでしょう。

見立て『貝の和三盆糖』

＊＊＊

・貝殻型アロマストーン
・桧四方透かし高台　・青紅葉

〔材料〕 石膏粉・水
アクリル絵の具
丁子精油

夏の日のお客様へ、貝の「見立て干菓子」でおもてなしです。実はこれシリコン製の型に石膏を流し込んで手作りしたアロマストーンなのです。ピンク・ブルー・黄色に紫・緑と淡い色付けをしてみたら和三盆のように見えてきました。もちろん食べることはできませんので、お帰りの際の手土産といたしましょう。

アロマストーンは、熱源のいらない安全かつ装飾的な芳香手段のひとつです。

　玄関やリビング、ベットルームなど、それぞれの場所でお好みのエッセンシャルオイルを数滴垂らしてお使いください。今回のものには事前に丁子の精油を加えてありますので、このままでもよい香りが漂います。

　丁子はクローブともいわれるスパイスで、辛味だけでなく黒糖にも似たねっとりとした甘さも含んでおり、薔薇やラベンダーなどの植物性香料、白檀・紫檀などのウッド系、オレンジなどの柑橘系ほか、多くの香りとよく馴染む精油です。ぜひお好みの香りとブレンドして楽しんでください。

　それでは準備が整いましたら、お客様をお迎えいたしましょう。茶碗に選んだのは、松平不味公《ふまいこう》が再興した楽山《らくざん》焼（出雲焼）の色絵茶碗。灰色釉

「古楽山焼　色絵山水人物文茶碗」
江戸時代後期
直径 14cm ／高さ 9cm

の上に朱・青・緑のたおやかな色彩で、砂浜に松が生い茂る「白砂青松《はくしゃせいしょう》」のもと宴に興ずる人々を細密に描き出しています。裾開きのしっかりとした高台が柔らかな丸みを帯びた茶碗をささえ、おおらかな風情ながら御用窯としての格式にあふれる銘品です。

また茶杓《ちゃしゃく》は、海になぞらえ鯨ひげで製作されたものを用意しました。戦後まもない頃、長崎の平戸で捕獲されたナガスクジラのひげで作られたこの茶杓は、軽やかで細身の姿が美しく捕鯨が禁止されていなかった時代の日本文化を伝えています。

その三── 飾る

一月七日　人日《じんじつ》／三月三日　上巳《じょうし》
五月五日　端午《たんご》／七月七日　七夕《しちえ》
九月九日　重陽《ちょうよう》／十一月二十三日　新嘗《にいなめ》

中国との交流が盛んになるにつれ、日本は多くの唐風文化を積極的に吸収していきました。そうしたなか、季節とともに執り行われる節供も大切な宮中行事のひとつとして定着していきます。

一年の流れに従い公に定められた儀式をつつがなく行うことは、中央への意識の集中と服従をうながすことにもつながり、また、年中行事によって日々の暮らしにリズムが生まれ自然の移り変わりを敏感に感じとる日本人の繊細な感性が育まれていきました。王朝時代の年中行事は、中国唐の宮廷文化と日本で古来より行われてきた風習が混ざり合い完成されたものといえるでしょう。

ここでは「五節供」に稲作国家である日本の重要な祭儀「新嘗祭《にいなめさい》」を加えてお届けします。

［一月七日―人日《じんじつ》］

琳派を代表する江戸時代の絵師・酒井抱一が描いた五幅対の『五節供図』には、一月「小朝拝《こちょうはい》」、三月「曲水宴《きょくすいのえん》」、五月「菖蒲臺《しょうぶだい》」、七月「乞巧奠《きこうでん》」、九月「重陽宴《ちょうようのえん》」からなる宮中の様子が描かれており、宮廷の雅な節供の様子を今に伝えています。

清少納言は、『枕草子』に平安時代の正月の様子を次のように綴りました。

「正月一日は　まいて空のけしきもうらうらと　めずらしう霞みこめたるに　世にありとある人はみな姿かたち心ことにつくろひ　君をも我をも祝ひなどしたるさま　ことにをかし」

『枕草子』第三段

正月一日は、空の様子も一層明るく静かで、めずらしく霞みがたちこめるときなど、世の人々がみな特別に容姿を整え、主君をも自分をも祝いあう様子はじつに趣深いものです。

「小朝拝」　酒井抱一『五節供図』より
原本・大倉集古館蔵

「小朝拝」とは正月儀式のひとつで、身分の高い上流貴族が正装に身を包み天皇に拝謁をする様子が描かれています。一年で最も重要な月とされた1月は、宮中行事も一番多く日々様々な儀式が執り行われました。

正朝『松竹梅の迎春飾り』

＊＊＊

・実付き老松 ・笹 ・紅梅 ・時代根来塗三宝 ・螺鈿装飾春日卓
「松鶴図屏風」狩野常信作　江戸時代

日々の暮らしの大きな節目となる「お正月」。日本人はこの日を一年の初めとし様々な室礼をほどこしてきました。神秘的な生命力を抱く常盤木の松、雪中に天へと伸びる竹、百花にさきがけ花開く梅の花。めでたさを象徴する「松竹梅」をとりあわせた迎春飾りです。朱塗りの時代三宝に飾りつけ、清らかに新年を寿《ことほ》ぎます。

❖松迎えの風習

正月に飾る松を山に取りに行く行事を「松迎え」といいます。その昔は十二月十三日に行われ、この日ばかりは神聖な山に入って樹を切ることが許されていました。

新年に訪れるという歳神様《としがみさま》は、一年の豊作と家族の幸せをもたらしてくれるありがたい神様です。その歳神様の降臨する依代《よりしろ》として飾られるようになったのが門松で、家の戸口に松を飾るという習慣は平安時代末に始まり、鎌倉時代になると松と竹をあわせた立派な門松が作られるようになりました。

松という名称は「祀る」「神々が降りてくるのを待つ」を語源とするという説がありますが、その威風堂々とした風格あふれる存在感は他の植物にはない特別なものといえるでしょう。

仏教が伝来する以前から、日本人は自然の中に神は存在すると信じてきました。四季豊かな日本列島に育まれた自然は、私たちに大きな恵みをもたらしてくれます。が、時として激しく荒れ狂い恐ろしい厄災を引き起こすことも少なくありません。ゆえに古代人が何か事あるたびにその力の偉大さを感じ、そこに神の姿を見出したのも理解できることでしょう。

本来、神とは姿をもたずまた、ひとところに定着するものではないと考えられてきました。天より降臨した神霊は、鎮座する巨岩や樹齢を重ねた樹木など様々な物体を依代として宿るのです。老松の風格溢れる幹肌、ぐっと力強く伸びる枝振り、冬でも枯れず青々とした葉を茂らす生命力は、じつに神秘的であり時に霊的であるとさえ感じられ、こうして松は、植物の中でも特別な存在として神聖視されていったのです。

奈良県春日大社の一の鳥居をくぐった右参道脇に、枯死した黒松の切り株が祀られています。この松こそ藤原氏の氏神である春日大明神が翁に姿を変えて降臨したと伝えられる「影向《ようごう》の松」なのです。

春日大明神の霊験が記された『春日権現霊験記《かすがごんげんれいげんき》』（鎌倉時代）には、翁に姿を変えた神が「万歳楽《まんざいらく》」を舞ったと記されています。この「万歳楽」とは、唐の時代の賢王《けんおう》が国を治めるとき、どこからともなく鳳凰が飛来し「賢王万歳」とさえずった、という逸話から創作された唐楽《とうがく》で、才知と徳をあわせもつ立派な君主を称えるおめでたい楽曲として現在でも即位大礼の儀などの折に鳥兜《とりかぶと》をかぶった演者により奉納されている演目です。

また、桧《ひのき》で作られる能舞台正面の鏡板《かがみいた》に立派な老松《おいまつ》が描かれているのをご存知の方も多いことでしょう。じつはこの松は、春日の「影向の松」をあらわしているといわれます。もともと能は野外の大木のもとで行われるものでしたが、時代とともに室内へと取り込まれ現代の様式へと完成されていきました。

能舞台の鏡板に松を描いた最初の人物は、豊臣秀吉でした。

春日神社の能舞台（能「翁奉納」）

欲しいままに栄華を極めた秀吉でしたが、心の奥には決して拭い去ることのできない侘しさを抱えていたことでしょう。そうした思いを鎮めるかのように隠居城として築いた桃山城の能舞台に影向の松を描いて自ら舞い、そしてこの城で波乱万丈の生涯を閉じたのです。

亡霊や生霊が登場し「この世とあの世を行き来する芸能」ともいわれる能は、神の依代となった老松のもとで演じることで、神秘的な大自然に抱きかかえられて生きる小さな人間という存在に思いを馳せる日本独特の文化といえるでしょう。

❖歳寒三友

新しい年の幕開けは実にすがすがしく、誰もが心新たな気持ちになることでしょう。

街を歩けば綺麗に清められた家々の玄関に常盤木《ときわぎ》の松が飾られ、今年一年の豊作と家族の幸せを願う気持ちが伝わってきます。慶事に欠かせない植物とされる「松竹梅」ですが、この組み合わせは中国の故事に由来するものでした。

「松竹梅」であらわされる「歳寒三友《さいかんのさんゆう》」とは宋代の文人に好まれた画題のひとつで、厳しい状況下でも節度を守り清廉潔白にそして豊かに生きるという文人の理想を現しています。

極寒にも色あせない松、しなやかにしなる竹、百花にさきがけ寒中に蕾をほころばせる梅の花。松竹梅という植物に託された歳寒三友の教えは、孔子の『論語』より誕生しました。

「益者三友《えきじゃさんゆう》・損者三友《そんじゃさんゆう》」

ためになる友には三通りある、そしてためにならない友にも三通りある。

自分がどう思われようとも直言をしてくれる友、心に誠がある友、物事を深く知っている友。これらの友人は自分を成長させてくれる人物である故、さらに親交をあたためるとよいであろう。

反対に、人に良く思われることを第一とする友、人当たりは良いが本心ではない友、口だけ達者で美辞麗句を述べるだけの友、これらの友人は自分のためになることはあらず。

厳しい状況の時にこそ大切にすべき友の姿を説いたこの思想は、平安時代に日本へと伝わり江戸時代には民衆にまで広く浸透していきました。やがてその教えをあらわす植物として描かれた松竹梅は、めでたさの象徴として定着し、日本の正月や婚礼などの慶事になくてはならない植物となっていったのです。

❖有職造花

京都の伝統工芸に「有職造花《ゆうそくぞうか》」という世界があるのをご存知でしょうか。ここでは皆様に雅な宮中の「飾り花文化」をご紹介し

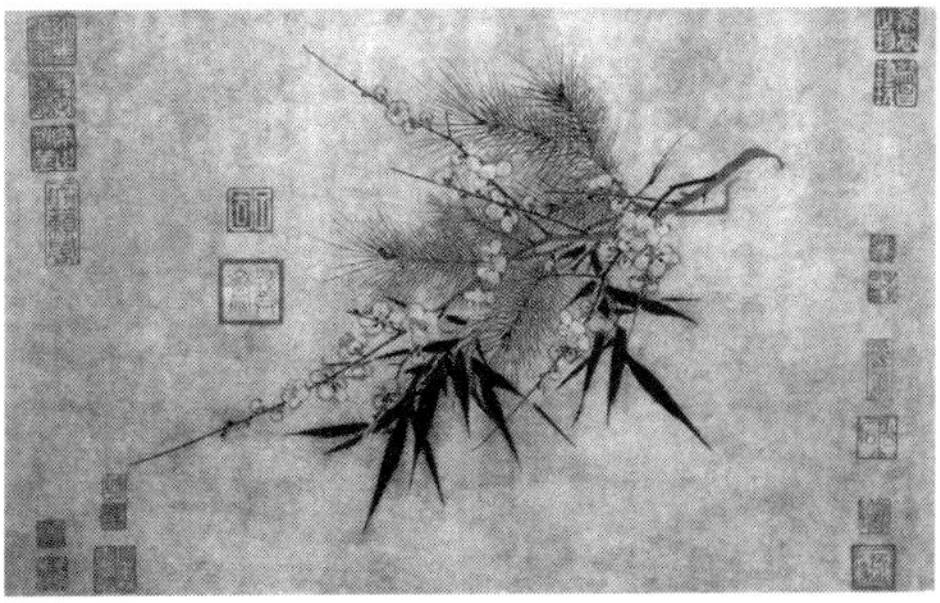

「歳寒三友之図」趙孟堅筆
13世紀　台北・国立故宮博物館蔵

たいと思います。

現代の有職造花師・大木素十氏《おおぎすじゅう》は、次のように述べています。

「有職造花は、室町時代に華林流を元祖とし京都御所を中心に発したといわれる絹の造花です。御所の行事や儀式、とりわけ五節供の節会で主に邪気祓いを意図して公家文化に花開いた〝造り花〟の世界と申せましょう。

その色彩（染め色）は、自然の再現を目指したアートフラワーの中間色によるソフトな色彩とは別次元に、紫・白・赤・黄・緑という陰陽道の五色を基本とする極彩色が多用されますが、これは有職造花が飾られた部屋の照明（行灯や燈台、蠟燭など）の明度からして、濃い色でないと映えないためとの説もあるようです。」

もともと造花とは、自然にある草木花を布や紙・針金などの材料を駆使して本物に近づけるべく技巧を凝らし制作した作り花をさします。日本の歴史に登場する有職造花は、人日の「蓬萊飾り《ほうらい》」にはじまり上巳雛段飾りの「左近の桜、右近の橘」、五月端午の「菖蒲飾り」、七夕「梶の葉飾り」、そして九月重陽の「薬玉《くすだま》」や「茱萸袋《ぐみぶくろ》」など五節供にまつわる飾りをはじめとし、宮中で執り行われる様々な儀式に華を添えるものとして歴史を彩ってきました。その雅なデザインには平安時代の王朝美が溢れており、豊かな気候風土に育まれてきた日本文化の一端を垣間見ることができるでしょう。

近年、造花の技術は大きな進歩を遂げ、クオリティが高くより自然に近い風合いを持つものが作られるようになりました。そうしたこともあり、普段なかなか目にすることのない有職造花をぜひ暮らしに取り入れて欲しいとの願いから私は制作を始めましたが、本来の有職造花は絹の花を一輪一輪作ることから始まります。代々宮中の儀式花を担ってきた雲上流《うんじょうりゅう》十三代目当主の村岡《むらおか》登志一《としかず》氏は、令和元年に九十歳を迎えられました。奥様とともに雲上流唯一の継承者として研磨を重ね質の高い作品を現代に伝えていますが、後継者はおらず王朝時代の記憶を伝える貴重な文化の行末が案じられます。

　香を詰めた薬玉をあしらった「平薬《ひらくす》」と呼ばれる有職飾りを次の頁でご覧いただきましょう。直径一尺（約三十センチ）ほどの輪に香料を詰めた薬玉と季節の草花で構成される平薬には、淡路結びを施した六色の飾り紐が添えられます。邪気を払う意味合いをもつこのお飾りは、室内にいながらにして季節を感じられ、月毎に掛け替えることで色褪せを防ぎ美しい状態を保つことができるのです。どうぞ、この趣深い室礼をお楽しみください。

[挿頭華]

　頭髪や冠に挿した花枝を「挿頭華《かざし》」といいます。野に咲く花を身につけるという美しい行為は、はるか古代から行われてきました。宮中では奈良時代から冠に生花を挿していましたが、次第に布や金属でできた造花も用いられるようになりました。那智の滝で有名な和歌山県「熊野速玉《はやたま》大社」にはツツジや松・梛子をかたどった南北朝時代の挿頭華が14種30枝伝わっています。そしてこの挿花が後世の「かんざし飾り」へと繋がっていくのです。

ももしきの　大宮人は　いとまあれや
　桜ざして　今日も暮しつ

山部赤人『新古今和歌集』

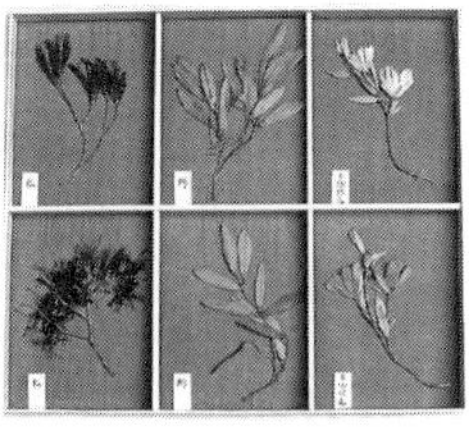

熊野速玉大社の古神宝「挿頭華」

瑞祥新春『人日の平薬』

＊＊＊

・薬玉　・香料　・常盤木五葉松
・紅白梅　・六色打紐

新年を寿ぐ意味合いのある人日の平薬は、常盤木の松とおめでたい紅白梅で構成しました。松から発せられる針葉樹の清冽な芳香は、寒気のなか蕾をほころばせる梅の清らかな香りと混じり合い、新年を迎える厳粛な場面にふさわしい室礼となりました。

魁《さきがけ》『紅白折形の吉祥飾り』

＊＊＊

・檀紙 ・紅奉書紙 ・紅白梅枝 ・若松葉
・打紐（白黄桃）・梅型装飾金具

白の檀紙《だんし》と紅の奉書紙《ほうしょし》で蝶型に折りあげた華やかな吉祥飾り。蝶の折形には雄と雌がありますが、今回は春に訪れる女の子の節供に合わせ雌の蝶形に整えました。紅白梅の花枝と優しい色合いで組み上げた三色の稲穂結びが、穏やかな春の日の到来を祝福します。

❖梅花

この花のことを「魁《さきがけ》」と呼ぶように、まだ浅き春の訪れを清らかな芳香とともに知らせる梅の花。

梅の原産地は中国の長江中流・湖北省の山岳部や四川省あたりといわれ、中国では三千年以上も前から燻製にした実を薬用として用いてきました。この梅の薬は「烏梅《うばい》」と呼ばれ、若い青梅を摘み取って竈の煙でいぶしてつくるため烏《からす》のようにまっ黒になったことから烏梅と称されるようになります。酸味が非常に強いこの薬は、主に消化不良や熱冷まし・咳止めや解毒などに用いられました。

日本へ梅が伝来したのは八世紀・奈良時代といわれます。当初は薬用として伝わってきた梅ですが、開花する五弁の愛らしい花姿や香りのすばらしさによって、次第に梅の花木自体が注目されるようになっていったのです。楚々としたその風情が日本人の控えめな性格とも重なり愛された梅の花、新年を迎えるハレの日にぜひ取り入れたい植物です。

江戸時代の梅花
（松岡玄達『怡顔斎梅品』）

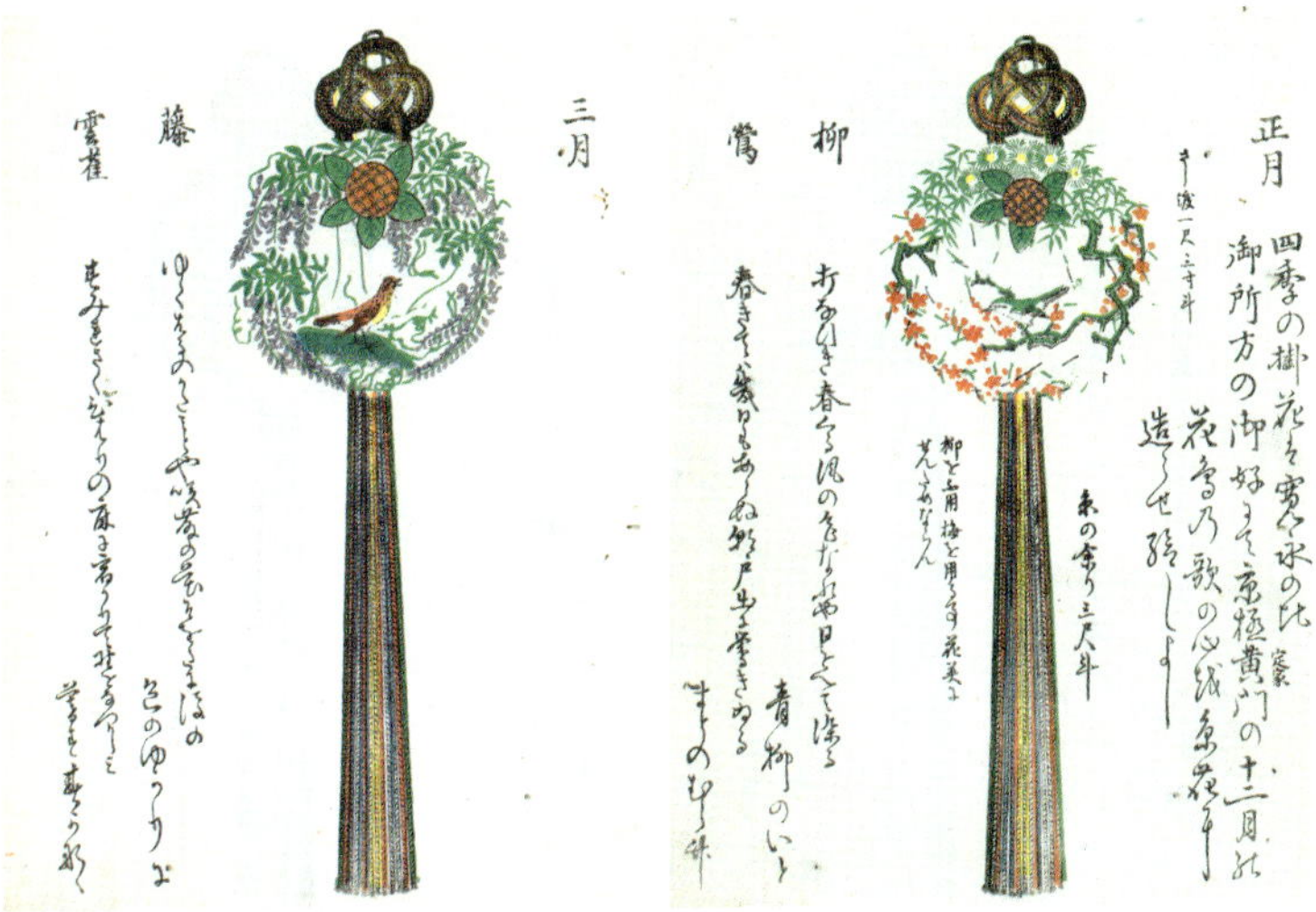

「正月の平薬」
竹・梅・小菊・鶯

「三月の平薬」
藤・雲雀

『懸物図鏡《かけものずかがみ》』西村知備《にしむらともなり》著　江戸時代

この古書は、文化三（一八〇六）年に編纂された公家《くげ》有職造花《ゆうそくぞうか》図譜で、公家社会での雅なお飾りを鮮やかな色彩の木版刷りで著したものです。日本のアートフラワーの原点ともいえる有職造花、その大きな特長は薄暗い室内でも映えるよう原色を用いることかもしれません。それぞれの趣ある姿は中国の陰陽五行・五色に通じているといわれ、季節の植物に鳥をかけ合わせた月々十二カ月の平薬《ひらくす》のほか薬玉《くすだま》・訶梨勒《かりろく》・釣り香炉などの懸物飾りが紹介されています。

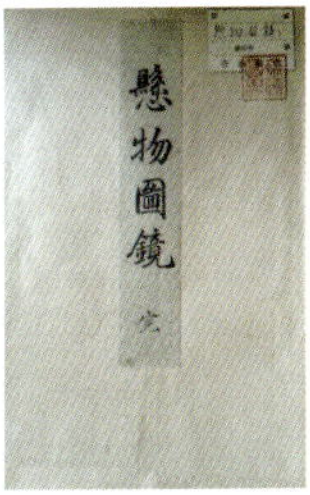

［三月三日　上巳《じょうし》］

❖貝合わせ

平安時代に宮廷貴族のあいだで流行した遊びのひとつに「もの合わせ」があります。絵合わせ、花合わせ、扇合わせ、草合わせなど、持ち寄った様々な題材にちなんだ和歌を添え、その優劣を競うというものでした。

貝合わせも当初は和歌とともに貝の大きさや美しさ種類の豊富さなどを競うもので「貝覆《かいおお》い」と呼ばれましたが、やがて対となるハマグリを探すあそびへと発展し「貝合わせ」と呼ばれるようになります。お姫様の婚礼調度品には、夫婦の幸せを願って豪華な装飾がほどこされた一対の貝覆い道具一式が用意されました。

女性の手の平に程よく収まり、絵柄も描きやすいハマグリは伊勢二見《ふたみ》産のものが最良とされました。

【貝合わせの遊び方】

はじめに二枚貝をはずし「地貝《ぢがい》」と「出貝《だしがい》」に分けておきます。まず地貝を十二個（天文学の十二ヶ月に由来）ぐるりと輪に並べ、その外側に十九個（十二に七曜日を加えた数）を、さらに増やしながら三周目四周目と計三百六十個（一年の日数）を九列に並べます。次に出貝を一つ取り出し伏せて中央に置き、その貝の形や大きさ・模様を見比べて対となる地貝を探し出します。双方の貝がぴったり合わさったら絵柄を公開して確認し、自分の膝前に伏せて収めその数を競います。

❖山桜

日本の春の訪れは、人々に季節の移り変わりを最も印象深く感じさせる時といえるでしょう。

窓辺を照らす光の明るさ、柔らかい新芽をのぞかせる樹々の梢、地面に寄り添うように花開く早春花など、何もかもが冬の眠りから目覚め静かにうごめき始めます。そんな春の喜びを桜の花びらに託して飾りましょう。白い桜も気品あふれて素敵ですが、赤を少し加えると優しい桜色に、グレーを加えると妖艶な淡墨桜に仕上がります。あなたの好みは、どのような桜でしょうか。

桜のオイルは以前香料会社の方に調合していただいたもので、「吉野」と名付けられたその香りはほんのりとした甘さの中に桜葉の緑を感じさせる爽やかな芳香です。桜のオイルが無い方は、桜と同じ成分クマリンを含む丁子オイルで代用してください。たいへん深みのある心地よい香りに仕上がります。また、粘土は薄く成型するほど繊細な花びらになりますので、ぜひとも挑戦してみてください。

西行法師の愛した奈良吉野山の山桜をイメージし、風に舞い散るように飾りましょう。静かに眺めていると、桜の樹の下にいるように感じられるクマリンの、なんとも優しく穏やかな香りが漂います。

嘉月《かげつ》『古典植物文様の貝合わせ』

＊ ＊ ＊

・金彩ハマグリ ・古典植物画 ・ニス
・蒔絵巻き脚平卓

貝合わせの絵柄には、『源氏物語』や『伊勢物語』などの場面を描いたものや美しい風景・植物・和歌など様々なものがあります。それらは清めたハマグリ貝の内側に和紙を貼り、胡粉や金箔・顔料を用いて仕上げられました。今回は牡丹・椿・杜若・江戸朝顔に鉄線・山芋・鹿子百合など古典植物の図柄を写し取り、金彩をほどこしたハマグリに装飾しました。

春景『桜の平薬』

＊＊＊

・桜 ・桜の若葉 ・猫柳 ・薬玉 ・六色打紐
・メジロのヒーリングバード

柔らかな若葉とともに日本列島を北へと埋め尽くしていく山桜。甘い花の蜜を求めて枝から枝へ飛びかう小鳥とともに、輝く春の情景を伝統的な平薬《ひらくす》に表現してみます。本物と見紛うほどに愛らしいメジロのヒーリングバードを添えてその囀《さえず》りに耳を傾ければ、野山の穏やかな情景が浮かび上がってくることでしょう。

舞桜『桜の香り花びら』

＊＊＊

・軽量粘土 ・染料赤 ・桜のオイル「吉野」
・桜の花びら型 ・江戸唐紙「松が枝」

最初にお好みの花びら型をアクリル板で切り抜きましょう。粘土に染料とオイルを練り込んで薄くのばし、花びら型を当てて切り抜きます。丁寧にはがして手に取り、花びらの芯の部分を摘みさらに全体を優しくよじるようにひねって形を整えてください。ハラハラと風に吹かれて舞い落ちる桜の花びらの完成です。

❖正倉院の裂《きれ》

まだ浅き春に行われる東大寺の修二会《しゅにえ》は、七五二年より今日に至るまで途切れることなく続けられてきました。東大寺の東に位置する二月堂は、今年も二週間にわたり神聖な空気に包まれます。

災害や疫病が多発した天平時代、深く仏教に帰依した聖武天皇は大仏造営を発願、平和な世の到来を祈ります。大事業を成し遂げた天皇は七五六年に崩御され、その遺愛品は東大寺正倉（正倉院宝庫）へと納められるのでした。勅封《ちょくふう》という厳重な管理のもと保管されてきた品々は、宮廷生活で用いられた一級品の遺物であり奈良時代の歴史を伝える貴重な文物でした。

天平時代の貴族たちは、繁栄する中国・唐の暮らしに憧れを抱き、生活スタイルのお手本としていました。遣唐船によって運ばれてきた優れた工芸品の数々、とりわけ華麗な文様のほどこされた染織品は、無地か縞そして単純な幾何学的文様の裂しか知らなかった宮廷人の心を激しく刺激します。そしてこの渡来の品々が、現在へと続く日本のテキスタイルデザインの原点となっていくのです。

シルクロードを経由しもたらされた文物は、唐だけでなくインドやササン朝ペルシャ（現イラン）・ビザンチン（東ローマ）などはるか遠い国々の異国情緒あふれる文化を伝えるものでした。

染織品には、獅師や象・サイやラクダなど見たこともない動物が描かれた鳥獣文様から、インドを起源とする宝相華文様《ほうそうげもんよう》（完全なる美と善をあらわしたという花）など、じつに華麗な世界が広がっていたのです。誰もが惹きつけられるそうした文様を染織史家の第一人者である吉岡幸雄先生は「染織の頂点」と位置づけ、そして「染織のそれ以後の技術は手抜きの歴史なのです」とまで語っています。

【紺夾纈絁几褥《こんきょうけちあしぎぬのきじょく》】

次の頁に掲げた藍の色が美しい裂は「褥《じょく》」と呼ばれ、大切な供物を載せる台などに敷かれました。蓮のような花座の上に向き合う相対の鳥、中央には満開に咲き誇る花を抱いた樹が描かれており、天空にある楽園を表しているといわれます。

聖なる樹の下に動物や鳥などが描かれた文様を「樹下双獣文《じゅかそうじゅうもん》」といいますが、こうしたデザインはササン朝ペルシャからシルクロードを経て日本へと伝えられました。機織り機を発明し、紀元前から絨毯を織っていたといわれるササン朝ペルシャですが、歴史をみると争いが絶えずまた、砂漠という厳しい気候風土による劣化がひどいため美しかったペルシャの織物はいまや幻となっています。ゆえに、校倉《あぜくら》造りの建物に勅封という制度の元保存されてきた正倉院御物の貴重性が、ことのほか際立つといえるでしょう。

色彩も見事に赤・青・黄と染め分けられたこの几褥《きじょく》は「夾纈《きょうけち》」という、布を二つまたは四つ折りにし板に挟んで一色ずつ色を入れていくという大変難しい技法で染められました。この染色法は一説に、玄宗皇帝に使えていた女官の妹の発明と伝えられています。

【赤地鳳凰唐草丸文臈纈絁《あかじほうおうからくさまるもんろうけちのあしぎぬ》】

円形にデザインされた葡萄唐草の中央には、翼を大きく広げ片足を上げて今にも飛び上がらんとする鳳凰の姿が見えます。また交差するように配置されているのは葡萄の房飾りのついた四角い花文

「紺夾纈絁几褥」正倉院御物
（左は部分）

「赤地鳳凰唐草丸文臈纈絁」
正倉院御物

で、鮮やかな赤が印象的なこの裂は「楽装束《がくしょうぞく》」として用いられたと考えられています。しかし美しかった装束は、月日の経過とともに縫い目からほつれ裂かれ、ついにはバラバラになってしまったのです。この裂《きれ》は、現在「断裂《だんれつ》」として他の裂地とともに雑帳に貼られ保存されています。格調高い鳳凰文様は、溶かした臈《ろう》を塗った版型を布に捺し防染してから染色する「臈纈《ろうけち》」という奈良時代盛んに行われた技法で染められました。

❖正倉院の古裂保存

それでは、こうした人類の遺産の保存の道のりと、その意義について、少しだけ考えてみることにしましょう。

ものにはすべて寿命があり、時の経過とともに消滅するのが自然の摂理なのですが、そこをあえて残していくという仕事はたいへん難しく試行錯誤の連続となります。なかでもとくに裂の保存は困難であるといわれ、長い年月によって劣化した布は折り目からほころび、裂け、断裂となり、そしてやがては塵粉《じんふん》化してしまうのです。

現在、正倉院の古裂はどのように管理されているのでしょうか。

年表を見るとたびたび宝物の調査や点検・修理が行われてきたようですが、過去には未熟な補修も多々あり、本格的にその補修が始まったのは明治五年まで待たなくてはなりません。様々な宝物はこの年初めて写真に収められましたが、この時点での染織品の傷みは深刻な状態でした。

正倉院に残されている裂はおよそ五千点といわれ、大きく二種類「原型を保ったもの、若しくはそれに近い状態のもの」と「断欄《だんらん》や塵芥《じんかい》を伸ばした裂地片」に分けて管理されています。千二百年前の裂地が美しく現存しているという事実は奇跡に近いことでしょう。日本の保存管理が素晴らしかった理由は、以下の四点にあるといわれます。

①品々が第一級の技術を駆使して制作された美術工芸品であり、大切に扱われていたこと
②宝物が八世紀より勅封として管理され続け、極限られた人しか見ることができなかったこと
③高床式の校倉造りの建物に、櫃《ひつ》と呼ばれる杉でできた木箱に入れて収納されていたため、理想の湿度を保てたこと
④破損した際、どんなに小さな断片も大切に保存したこと

では、破損した裂はどのように保管されてきたのでしょうか。断裂裂は、その損傷の度合いによってさらに四つに分類されました。

残欠《ざんけつ》＝かろうじて原型をしのぶことができる裂片
断欄＝さらに小さい裂片
塵芥＝やっと裂片とわかる程度
塵粉＝半粉状、吹けば飛ぶような天平の絹

膨大な量に及ぶこれらはまず、錦《にしき》（二色以上の色糸を用いて織られた織物で正倉院裂の大半を占める）・綾《あや》（斜め方向の文様ができる織り方）・羅《ら》（うすもの）に分類され、水をつけた筆で糸目を一本一本丁寧

に伸ばし裏打ちがなされます。

そして作業が終わった裂は、屏風装やガラス挟みなど様々な仕分けの方法によって整理されていくのです。

大正以来こうした基本的な作業は変わっていませんが、古裂にかえって負担となる平絹の裏打ちを廃止したり、強い糊の使用はシミを生み再修理の時に取り外し難いので用いないなど日々改良がなされています。こうした緻密で繊細な仕事はじつに根気のいる作業のため、すべてを終えるにはまだかなりの時間が必要でしょう。

最後に、文化財の保存修復に関するシンポジウムの記録から、正倉院御物保存の道のりがいかに険しいものであったかを紹介させていただきます。
「宝物の修理について　江戸時代にもそのさきがけは見られるが、本格化したのは明治時代に入り、宝物が国家の管理となり、宮内省に御物整理掛（一八九二から一九〇四年）が設けられてからである。このときの修理は器物類が中心で、欠損部についてはこれを補い、装飾も施す、いわば復元修理で、現在的な観点からすればいささか行き過ぎも感じられたが、美の復元という点では功績は大きかった。大正時代以降はそれ以上の破損・劣化の進行をくい止めることを目的とし、現状維持修理が行われている。」（宮内庁正倉院事務所・成瀬正和氏の言）
「こうした保存の伝統は、必ずしも平坦な道のりであったわけではない。明治の廃仏棄釈は社寺の荒廃を招き、文明開化の風潮は旧物破壊主義的な動向となり、多くの文化財の破壊や散逸をみた。この危機的状況を背景に、明治三十年「古社寺保存法」が制定され、ここにわが国の文化財が指定制度によって保存されることになる。この第一条には修理を明記し、修理が文化財の保存に不可欠なものであることを示した。しかし修理も時には破壊の原因になりかねないだけに、的確な修理とは何かが今改めて問われている。」（東京国立文化財研究所・西浦忠輝氏の言）

現在、私たちはたやすく世界中の織物を目にすることができます。しかし、正倉院の裂を目の当りにすると一瞬にして惹きつけられ胸の高鳴りを感じるのはなぜでしょう。私はその魅力の由縁を常に考えてきましたが、最近、それらには作り手であった人々の、創る喜びが溢れているからなのではないかと思うようになりました。

人類は進み成長を続けていると思ってはいけないのでしょう。古代の人々が道具も機械も不十分ななかで作り上げたものを私たちは再現することすら困難なのです。文明の発達とともになくしてしまった視覚・聴覚・触覚そして臭覚などの鋭く純粋な機能は、どれほどまでに素晴らしいものだったのでしょうか。

［五月五日｜端午《たんご》］

❖折形

日本には、紙を折って物を包み贈る「折形《おりがた》」という美しい伝統があります。

和紙が貴重だった時代、折形は上流階級だけのものでしたが、紙が量産されるようになると庶民にも浸透し、江戸時代には数千種にもおよぶ様々な折形が生み出されました。戦前までは女性が身に着けるべき作法として、高等女学校や女子師範学校において教授されたといわれます。今日でも冠婚葬祭など大切な行事の折には「のし袋」が用いられ、贈る相手に儀礼を尽くす日本の繊細なしきたりは継承されているといえるでしょう。

江戸時代、武家社会では様々な礼法が重要視されました。室町時代に足利尊氏の厚遇を得た伊勢氏の末裔・伊勢《いせ》

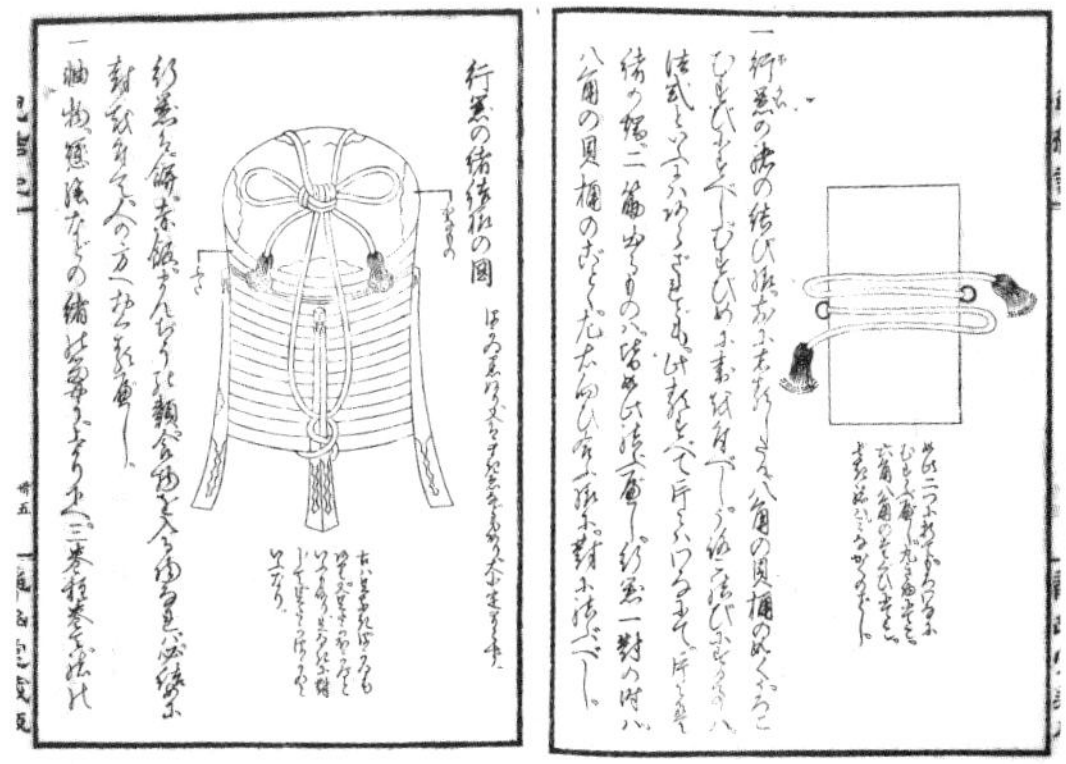

伊勢貞丈『包結記』（国立国会図書館蔵）

貞丈《さだたけ》が著した『包結記《ほうけつき》』には、進物を和紙で包む作法や装飾のための紐結び法が記されており、当時を知る貴重な資料としてまた、折形を解読するバイブルとされています。

それでは、伝統的な折形を用いて制作した作品をいくつかご覧いただきましょう。

端午『兜包みの五月飾り』

＊＊＊

・檀紙 ・絹製菖蒲葉 ・青楓

・守り札 ・菖蒲オイル

邪気を払うといわれる薬草「菖蒲葉」と礼法から生まれた折形を組み合わせたデザインです。特徴的なシボの入った高級和紙「檀《だん》紙《し》」と布で作った菖蒲の若葉に爽やかな新緑の楓《かえで》をあわせ、白と緑のシンプルながら格調高いお飾りへと仕上げました。守り札として添えた紅の奉書紙《ほうしょし》には、菖蒲のオイルをふくませ爽やかな香気を振りまきます。

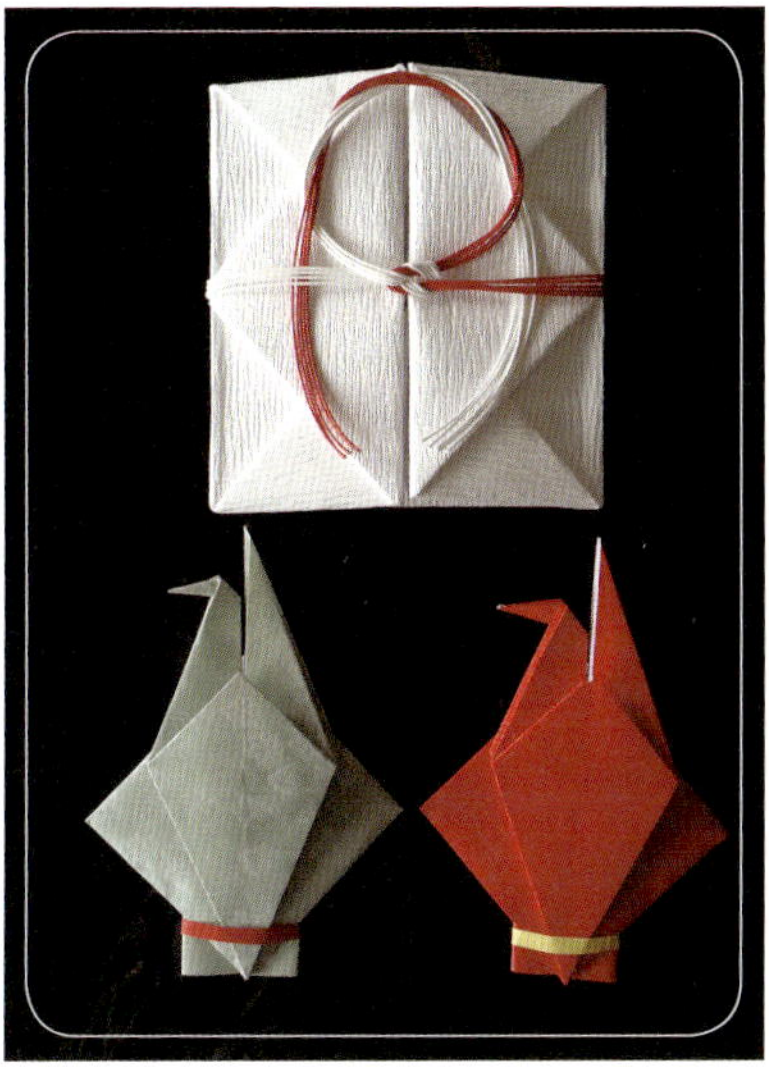

慶事『折形の香包み』

＊＊＊

上：折据型《おりすえ》　檀紙・紅白水引
下：鶴型　右／赤奉書紙 左／蔦文様鳥の子和紙

唐衣《からごろも》『有職裂の押絵節供飾り』

＊＊＊

・有職裂（萌葱色《もえぎ》）・裏絹（深縹色《こきはなだ》）
・打紐（白と古代紫）・装飾金具・厚紙・綿

端午の節供の折形「粽《ちまき》用きな粉包み」は、お祝いにふるまわれるお餅や粽に添える「きな粉」を包む紙折りです。男児が健やかにたくましく成長することを願い考えられたこの折形は、菖蒲とも粽を模しているともいわれますが、私には武士の剣の剣先のようにも思われます。表地には菖蒲の若葉を連想させる萌葱色の有職裂（公家の衣服や調度品に用いられる文様裂）を、裏布には男児の元気あふれる若々しさを深縹色の青もってあらわし、二色使いの伝統的な花結びを添えて仕上げました。

祝う相手を思いながら丁寧に仕上げた折形に香料を忍ばせた香包みです。折据型の香包みは、中央の縦のラインを立ち上げると箱のような形になる機能性に富んだ折形で紅白の水引を結んで仕上げました。また鶴の折形には、赤と金の帯をまわし封としてあります。

［香と室礼の会］

「端午の節供」によせて東京白金にある畠山《はたけやま》記念館で開催した香と室礼の会「芙蓉《ふよう》の香莚《こうえん》」の様子をお届けします。当日は五月とは思えないほどに気温が上がり、まぶしい陽射しに包まれての一日となりました。

畠山記念館は、株式会社荏原《えばら》製作所の創立者である実業家・畠山一清《いっせい》（号即翁・一八八一～一九七一）氏が蒐集した茶道具を中心に、日本・中国・朝鮮の古美術品を展示公開している私立美術館です。国宝六件、重要文化財三十三件を含む千三百件を収蔵しており苑内には趣ある茶室が点在し茶会などが催されています。

軒菖蒲

畠山記念館の趣ある建物に、端午の節供にちなみ「軒菖蒲《のきしょうぶ》」で皆さまをお迎えしました。

端午の節供近くになると、菖蒲湯のための菖蒲葉が店先に売られているのを見かけることでしょう。ガマの穂に似た小さな花をつけるこの菖蒲は、花を観賞する花菖蒲とは別の種類で根元や茎に独特の芳香を抱いています。血行促進・健胃作用など薬効も高く古代中国では仙薬とされてきました。

畠山記念館「明月軒」「翠庵」の軒菖蒲
菖蒲葉と蓬

東京都港区白金台に建つ「畠山記念館」の正門に足を踏み入れると、空気は一変し、若葉美しい苑内の石畳が続きます。

同じ時期にすくすくと葉を伸ばす蓬《よもぎ》も薬効高い植物として知られていますが、この菖蒲と蓬とを合わせて軒に葺くことで病が出やすい季節にむけて心身の穢《けが》れを祓《はら》い、邪気や厄災が家に入り込むのを封じ込める意味合いがあるのです。

私自身はじめて軒菖蒲を行いましたが、息吹《いぶき》溢れるのびやかな葉に触れていると心身がすっきりするのを感じます。菖蒲葉と蓬を紐で束ね屋根にポンと載せると清々しい芳香があたり一面に漂いました、その香りは風に乗って室内へと吹き込まれていくのでした。「明月軒」そして「翠庵」は、植物でしつらえた結界《けっかい》によって浄化された空間となりました。京都の老舗・俵屋旅館などでは現在でも行われている軒菖蒲ですが、見かけることの少なくなった趣《おもむき》ある美しい景観に皆様より感嘆の声が上がります。

それでは各部屋の室礼を見ていきましょう。今回は「藤の間」「菖蒲の間」「芙蓉《ふよう》の間」と花の名前を付けた三つの畳の間に、初夏を感じさせる室礼を施しました。

藤の間—茶室「翠庵」

玄関を入りすぐ右手に、三畳半台目の小さな茶室「翠庵《すいあん》」があります。

かつて、著名な花人であられる川瀬敏郎先生の花会は、毎年ここ畠山記念館で行われていました。川瀬先生は会を通じ、本物の場で花を見ることの大切さを私たちに教えてくださったのです。今回の催しはそうした先生の教えに習い、私の教室に通い続けてくださる皆様に正式な場を体験していただきたいと思う気持ちからはじまりました。どこまでできるか分かりませんが、私が今できることを精一杯行ってみようという挑戦でもあったのです。

川瀬先生はこの茶室の床に、時代をまとった古胴の蓮型花器にすくっと立ち上がる蓮花を活けられました。薄暗い空間で拝見するその花は、限りなく静かに佇み、まるで菩薩様が立ち現れたかのように感じたことを思い出します。

小間と呼ばれる小さな茶室は、昔から憧れて止まない空間でした。数寄屋造りの名人木村清兵衛が銘木古材を集めて築いたという翠庵の室礼をほどこし終え静かに座っていると、障子越しに蹲踞《つくばい》の水音が聞こえてきます。目に映る柱・天井、畳、土壁そして障子、すべてが柔らかい光に包まれてなんと心地良いことか。皆さまをお迎えするために緊張し続けていた身体が解きほぐれ、次第に心も落ち着きを取り戻していくのでした。さらに眼をつむり座っていると、人が最後に求める世界とはこうした安らぎなのではないかと感じます。

どれほどの時が流れたのでしょう。スタッフに声を掛けられ目覚めたように現実へと戻りました。私は今回、この素晴らしい空間に万葉人の繊細な恋模様をあらわしてみたいと考えました。

❖春日山「藤掛の松」

藤蔓がまるで恋人に寄り添うかのように松の枝に絡まる光景は、松を男性、藤を女性の象徴として古来より歌に詠まれ画に描かれてきました。昔から大好きだった藤の花。優雅で雅《みやび》な植物と思ってい

茶室「翠庵」床の室礼　『藤掛の松と折り枝の恋文』

相聞歌『折り枝の恋文』

＊＊＊

・常盤木松　・山藤　・手漉き巻紙石州和紙　・紫白打紐花結び
・つまみ細工の蝶　・布製小花　・花型金物装飾　・檜三宝

春日山『藤掛の松』

＊＊＊

・常盤木松　・山藤

和歌「かくしてそ　人の死ぬといふ　藤波の
ただ一目のみ　見し人ゆゑに」
詠み人知らず『万葉集』

こんなふうに恋い焦がれて人は死ぬのでしょうか
美しい藤の花のような女性をただ一目見たがゆえに

たその印象を一変させたのは、奈良の都で出会った山藤でした。今でもありありと思い出すその旅のことを少しだけ綴ります。

　朱塗りの佇まいが美しい奈良春日大社には、「砂ずりの藤」と呼ばれる有名な藤棚があります。その名の通り一メートルあまりにも房が垂れ下がり地面の砂に達するといわれる華麗な姿をぜひこの目で見たいという、長年の思いがようやくかなったこの日、私は胸を弾ませながら春日大社の門をくぐりました。しかし目の前に現れたその藤は、どうしたのと思うほどに房が短いものでした。うかがえば房の長さは年により違うとのこと。期待が大きかっただけに落胆も大きかったのですが、藤花天冠《てんかん》の愛らしい巫女さんの姿に少し慰められ、お参りをすませて帰途につきます。

　行きとは違う東参道の方へ足を運ぶと今まで感じていた清らかな空気は一変し、大地から放たれる土の香りに包まれます。ふと頭上を見上げると野生の山藤が太い幹をよじらせ、大蛇のように巻きついているではありませんか。時代をまとった石灯籠が並ぶこの参道は、小雨に打たれ匂い立つ苔の香りも相まって独特の雰囲気をかもし出していたのでした。

見事な花をつけた春日大社の砂ずりの藤

苔むした二千基の石灯籠が並ぶ東参道

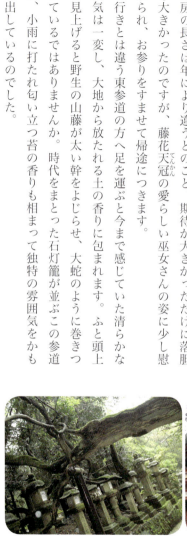

心を落ち着かせゆっくり歩を進めると、栄華を誇った藤原一族の歴史が蘇ってきます。身をよじらせながら蔓を伸ばし誇らしげに花垂れる春日の山藤。千年もの樹齢を重ねたと伝えられるそれは、楚々とした藤の印象を一変させるものでした。しかしまた、生命力溢れるたくましい姿に感動を覚えたのも事実で、美しいだけではない藤という植物の真の姿に私はようやく巡り合えたのかもしれません。

❖折り枝

電話もメールもない平安時代の人々は、和歌をしたためた文を交わすことで自分の気持ちを伝えていました。当時は身分の高い女性ほど他人に姿を見せることはなく、姫君につかえる乳母や女房に守られて寝殿《しんでん》造りの奥深くに隠れるように暮らしていました。ですから男性は聞こえてくる噂や垣間見る気配を頼りに恋心をつのらせていったのです。

『源氏物語』では、光源氏が女性の住まいを覗き見する描写が文中にいくつも登場します。男性は自分の気持ちを伝えるべく、最初に文を届けます。公達《きんだち》から届けられた文は、まず仕えている女房たちに渡り、姫君に相応しいかどうか品定めされることになります。和歌は巧みか、筆の流れは美しいか、紙の種類・色・薫き染められた香の香りは高貴なものか、などなど。そしてこの方ならばと許された男性は、女房の手引きによってはじめて屋敷に入り姫君と契りを結ぶことができるのです。

手紙の趣向のひとつであった折り枝（添え枝）ですが、季節の植物を手折り恋しい女性に贈るという行為は日本のみならず世界各国で行われてきた美しい習わしといえるでしょう。

言霊『松と楓の結び文』

＊＊＊

・常緑松　・紅葉　・和紙（蔦文様料紙と白薄様）

日本人は昔から言葉には言霊《ことだま》（言魂）が宿っていると信じてきました。私たちの祖先が生みだした大和言葉《やまとことば》には神々が宿っており、その不思議な響きをもって幸福へ導くとされてきたのです。

万葉の時代から、和歌を詠むのに身分の差はなく『万葉集』には天皇や貴族だけでなく下級の官人や庶民、そして帰化人から乞食に至るまであらゆる階層の人々の歌が収められました。

以前、和歌の披講《ひこう》（曲節をつけ詠みあげること）を拝聴する機会がありましたが、心の奥まで響くようなその音律は何とも心地良く、発せられた文字が連なり空間をゆっくりと流れていくように感じられたものです。そして日本の言葉とはこんなにも美しいものなのかと改めて感じ入るのでした。

宮中で盛んに詠まれてきた和歌ですが、美しい心から生まれる言霊には、個人の思いだけでなく国をも幸せに導く力が宿っているということを誰もが信じていたのでしょう。

菖蒲の間―本席「明月軒」

書院のある十畳の茶室「明月軒《めいげつけん》」は東北二方向に畳敷きの縁側があり、懐かしい和ガラスで囲まれた風通しの良い空間です。

床の間の軸は、江戸琳派の絵師・鈴木其一《すずききいつ》の『杜若図《かきつばたず》』としました。琳派は本阿弥光悦、俵屋宗達にはじまり尾形光琳・乾山の兄弟によって発展、酒井抱一、鈴木其一へと継承されていきました。鈴木其一は抱一の一番弟子であり後継者といわれた絵師で、代表作である『朝顔図屏風』（ニューヨーク・メトロポリタン美術館所蔵、金の下地に蔓を伸ばし咲き乱れる群青色の朝顔が描かれた六曲一双屏風）の青と緑という単純な色使いは、有名な尾形光琳『杜若図屏風』に通ずるコントラストといえるでしょう。

じつは畠山記念館の数ある収蔵品の中に、鈴木其一の『向日葵図《ひまわりず》』大幅軸があります。現在の館長である畠山尚子《ひさこ》さんの著書『伝えたい、美の記憶』には、館を代表とする美術品の数々とともに舅《しゅうと》にあたる畠山即翁をはじめ近代数寄者といわれる人々の興味深い逸話が語られています。嫁いでこられた尚子さん自身も、横浜の三溪園《さんけいえん》を造った益田鈍翁《ますだどんのう》を大伯父にもつ家系にお生まれになりました。本書には明月軒の床に『向日葵図』の軸が掛けられた写真が掲載されています。

縦長の本紙いっぱいに力強く立ち上がり大きな花を開花させる向日葵の姿。購入された尚子さんの

明月軒の縁側から眺める庭の景色。縁側より軒菖蒲の爽やかな芳香が流れ込みます。

香席「明月軒」床の室礼

有職『薬玉飾り』

＊＊＊

〔材料〕　白絹地・綿・芯・菊の葉・菊座カン
揚巻結び撚房・透かし蝶型金物・玉飾り

脇床には、白絹で縫い上げた野菊の花に一葉の葉を添え、金銀の蝶飾りを散らした薬玉を飾りました。薬玉を吊るすため三方に取りつけた菊座カンには、菖蒲を印象づける紫色の結び房を垂らし、天然石の緒締めで束ね天井より吊るします。

『杜若図』大幅軸
鈴木其一筆　江戸時代

ご主人畠山清二氏は、夏のエネルギー溢れるこの軸は茶室には合わないかもしれないと思いつつも、そのモダンで大胆な描写に惹かれ求められたとのこと。私は当初、この明月軒の床の間にどの軸を掛けようかと思案していましたが、向日葵の掛け軸を拝見したことに何がしかの縁《えにし》を感じ、同じ大幅の鈴木其一『杜若図』を飾ることにしました。其一の洗練され自由で生き生きとした画風は、その後の近代日本画に大きな影響を与えることになります。

「向日葵図」大幅軸
鈴木其一筆　畠山記念館蔵

❖有職『薬玉飾り』

平安時代、宮中では端午の節供の行事が執り行われました。貴族たちは冠に香り高い菖蒲の挿頭華《かざし》をつけて出向いたといわれます。そして宴の後には帝より菖蒲の薬玉を賜りました。薬玉とは菖蒲の葉を編んで丸く仕立てた球体の中に蓬の葉などを詰め五色の絹糸を垂らしたお飾りのことで、持ち帰った屋敷では厄除けとして寝台の柱などに吊るしておく習わしがあったのです。

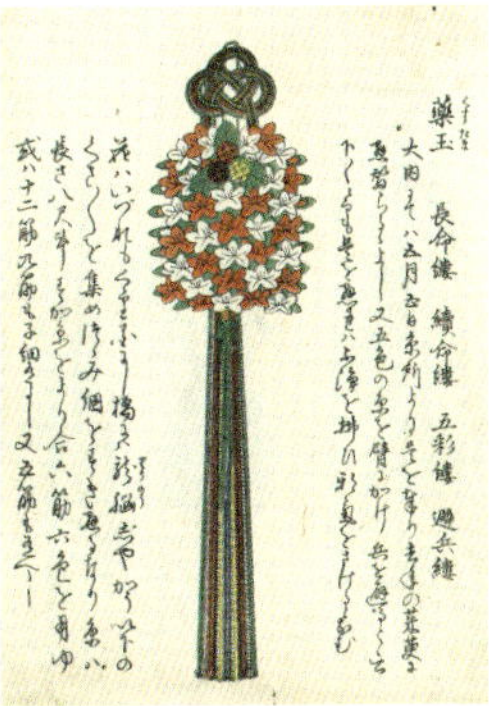

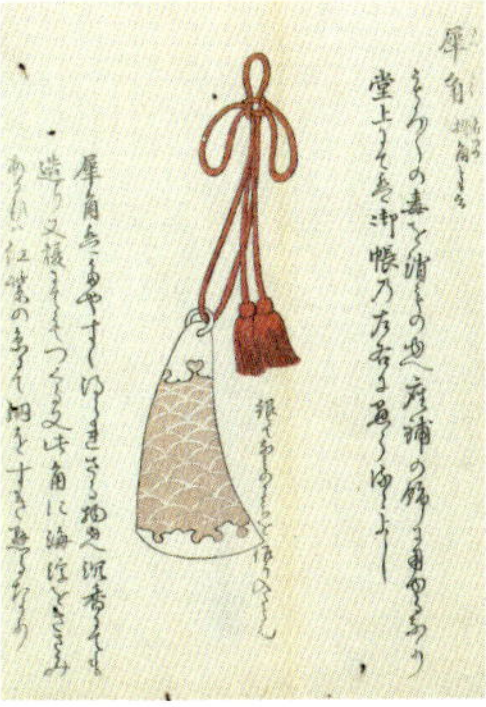

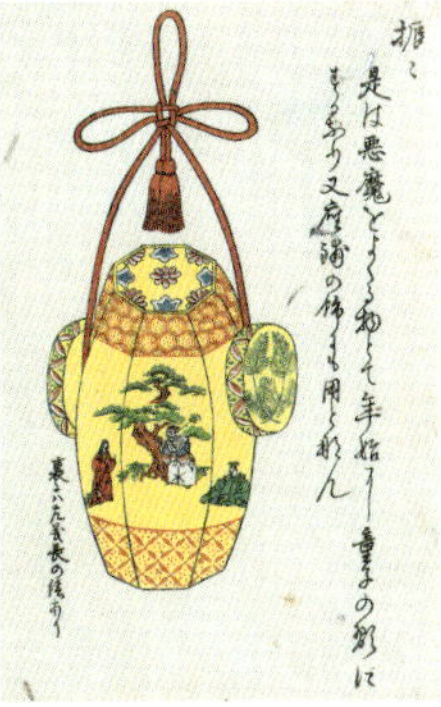

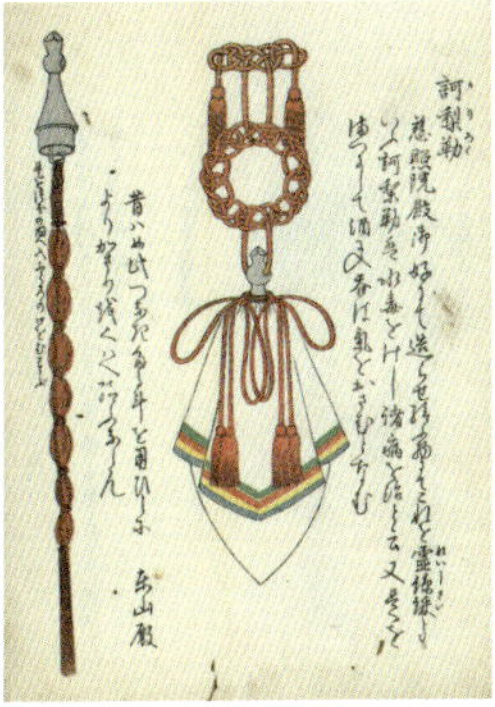

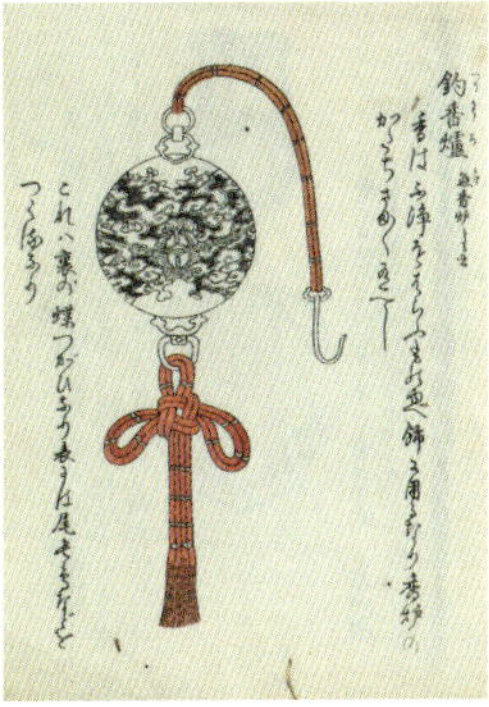

公家有職造花木版図譜

『懸物図鏡』西村知備著　江戸時代

上段：左「薬玉」 中「犀角」 右「振ゝ」
下段：左「呵梨勒」 右「釣香炉」

「明月軒」の脇床の台には香道具を収めた乱れ箱と、江戸時代の図譜『懸物図鏡《かけものずかがみ》』を飾りました。

文化三（一八〇六）年に著されたこの木版摺り図譜は、月々の有職《ゆうそく》造花・薬玉・訶梨勒《かりろく》などの懸物を美しい色彩版画で紹介しています（53頁参照）。

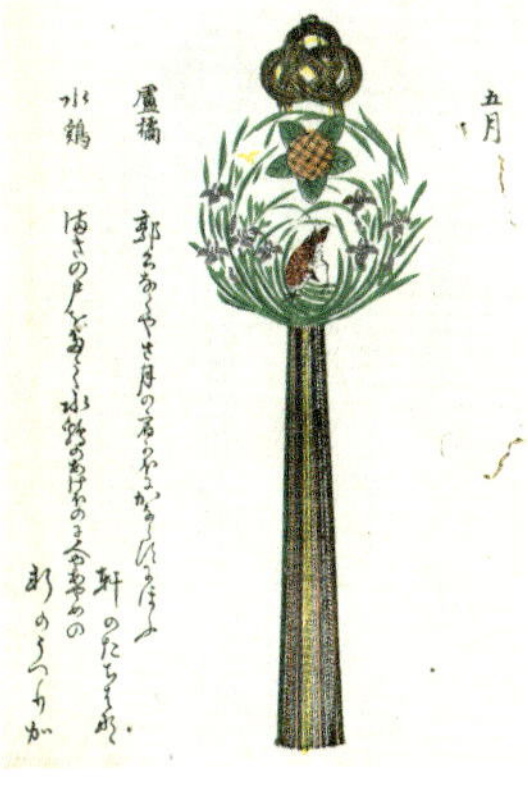

「5月の平薬」杜若・水鶏

芙蓉の間

落ち着いた佇まいの芙蓉《ふよう》の間の床には、狩野探幽《かのうたんゆう》の軸と蒔絵香箪笥に正倉院の香料をしつらえました。

❖狩野探幽筆『蝶芙蓉図』

じつは色合い静かなこの画を見ると亡き父を思い出すことができるのです。もう他界して二十年近くになりますが、葬儀の時、集う人々を眺めるように塀の上に蝶がいつまでもひらひらと舞っており、八月のお盆に近い暑い盛りでしたので不思議なことと眺めておりました。蝶は魂の化身《けしん》ともいわれますが、なにかを見届けているかのように感じたのです。

「意図したわけではないのですが、今回施した三室の室礼にはどこかに蝶が隠れていますので、どうぞ探してみて下さい。」この話をしたのち、ある参加者さんから、「明月軒の草蔭に黒い大きな蝶が舞っていましたよ。きっとお父様が見に来られたのではありませんか」とお声掛けいただき、なんだか胸が熱くなるのでした。

江戸幕府の御用絵師《ごようえし》の中でも早熟の天才と伝えられる狩野探幽。江戸城や二条城・名古屋城の障壁画などたくさんの作品を残しましたが、中でも三十五歳の時に描いた大徳寺法堂の天井画『雲龍図』は、手をたたくと龍の声が堂内に響き渡るようだとして有名です。今回の軸は、白芙蓉の花に一頭の揚羽蝶《あげは》がたわむれる様子を描いたもので、団扇窓《うちわ》の下地から表装の細部にいたるまで大変上品に仕立てられた作品です。

❖キリシタンの花十字紋

畳床に飾った朱漆の蒔絵香箪笥には、全面に金銀の花十字紋《はなじゅうじもん》が描かれており扉を開けると四季の花鳥が乱れ飛ぶ美しい世界が広がります。

十七世紀、日本では厳しい切支丹《キリシタン》弾圧が行われました。サント・ドミンゴ教会は、スペインのドミニコ修道会の神父フランシスコ・デ・モラレスによって一六〇四年長崎市に建てられたキリスト教教会です。時の将軍徳川家康は、当初異国の教えであるキリスト教の布教を黙認していましたが、その信仰が拡大するにつれ一六一四年に禁教令を、続いて宣教師国外追放令を発令するのでした。これよりキリシタン迫害は厳しさを増していくことになります。長崎のほとんどの教会が跡形もなく破壊され、サント・ドミンゴ教会の跡地には代官屋敷が建てられたのでした。

時は流れ二〇〇二年、現在は小学校の敷地となっているこの場所で、校舎建て替えによる発掘調査の折、かつての教会の遺物が発見されました。その中に花十字紋が刻印された瓦も見つかったのです。

潜伏キリシタンの摘発処刑が行われる中、それでも信仰を捨てず隠れキリ

花十字紋瓦　長崎市サント・ドミンゴ教会跡資料館蔵

「芙蓉の間」床の室礼

『蝶芙蓉図』軸　絹本　狩野探幽筆　江戸時代

「四季花鳥図香簞笥」
右は、扉に描かれた「切支丹花十字紋」

シタンとして活動していた人々は、秘かに集会を開き観音像を聖母マリアに見立てたり十字架をデザインした花十字紋を信仰の対象として教えを守り続けました。

今回用いた香簞笥には、外面全体に隠れキリシタンの象徴ともいえる花十字紋が丁寧に描かれています。また観音開きの扉を開くと、梅・桜・藤に桔梗《ききょう》さらに萩や女郎花《おみなえし》など四季の花々とともに飛び交う蝶や瑞鳥《ずいちょう》が金彩をもって描かれており、それはまるで穏やかな天界の世界を映し出しているかのように感じられます。

❖正倉院の香薬

香簞笥には、正倉院の御物《ぎょぶつ》のひとつとして保管されている香料から六種を選んで収めました。

正倉院にある聖武天皇ゆかりの品々は六百数十点といわれていますが、それらは「仏具」を筆頭に敷物や厨子《ずし》・鏡などの「調度品」、琵琶・琴などの「楽器」、囲碁やすごろくなどの「遊戯具」、筆・墨硯などの「文房具」、さらにガラスの鉢や皿・匙などの「飲食具」にまで及びます。

ここではそうした貴重な品々の中から「薬と香」に少し触れましょう。

光明皇后が献上した薬種は六十数種といわれており、その名称・重量などの詳細は「種々薬帳《しゅじゅやくちょう》」に細かく記載されました。薬類は「薬種」、香料は「帳外薬物《ちょうがいやくぶつ》・香薬《こうやく》」に分類されています。

「薬種」に保管されたものは、すべてが日本のものではなく中国やインド・朝鮮などから渡来した貴重な薬で、麝香《じゃこう》・桂皮《けいひ》・呵梨勒《かりろく》などのほか一角獣の角《つの》やナウマン象など化石化した動物の骨や歯なども含まれています。

　こうした薬は、正倉院に奉納された後にも朝廷の許可を受け少しずつ持ち出されました。冶葛《やかつ》という薬草も奈良時代に二度ほど持ち出された記録が残されていますが、その葉三枚と一杯の水で人を死に至らせ一歩間違えれば痙攣や麻痺を起こすほどの劇薬を処方しなければならなかった事態とは、いったいどの様ないきさつだったか、想像がふくらみます。

　次に香料ですが、その記載に「帳外薬物・香薬」とあるように、香料が薬としての役割も担っていたことがわかります。沈香・白檀などの香木から丁子などの香辛料のほか薫陸《くんろく》・琥珀《こはく》などの樹脂も含まれました。

　これらの品々を見ていくと、身体的にも精神的にも弱かったといわれる聖武天皇のために異国から集められた香薬は実に多種多様であったことがわかります。后である光明皇后はこれらの貴重な品々を宮廷のものだけとせず民衆にまで分け与えました。「種々薬帳」の巻末には、次のような皇后の願文が綴られています。

「病に苦しんでいる人のために必要に応じて薬物を用い、服せば万病ことごとく除かれ、千苦すべてが救われ、夭折《ようせつ》することがないように願う」

　慈愛の心が大変強かったと伝えられる皇后は、貧しい病人の治療をするための施薬院《せやくいん》や孤児を救うための悲田院《ひでんいん》を創設され、自らの手をもって病人の身体を清

「正倉院御物」　麝香皮

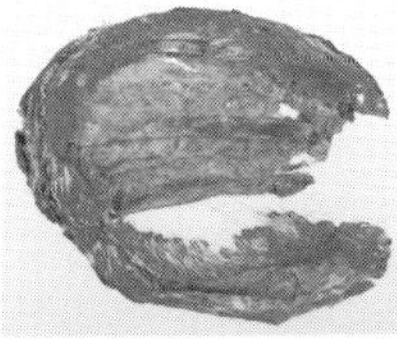

五色龍歯（ナウマン象の臼歯の化石）

冶葛壺（冶葛を入れた須恵器）

根来銘々皿に盛り付けた六種の香薬は、各人が思い思いに手に取り香りの印象を心にとどめます。

『正倉院の香薬』

＊＊＊

左より、白檀・匂い菖蒲根・貝香・呵梨勒・丁子と八角

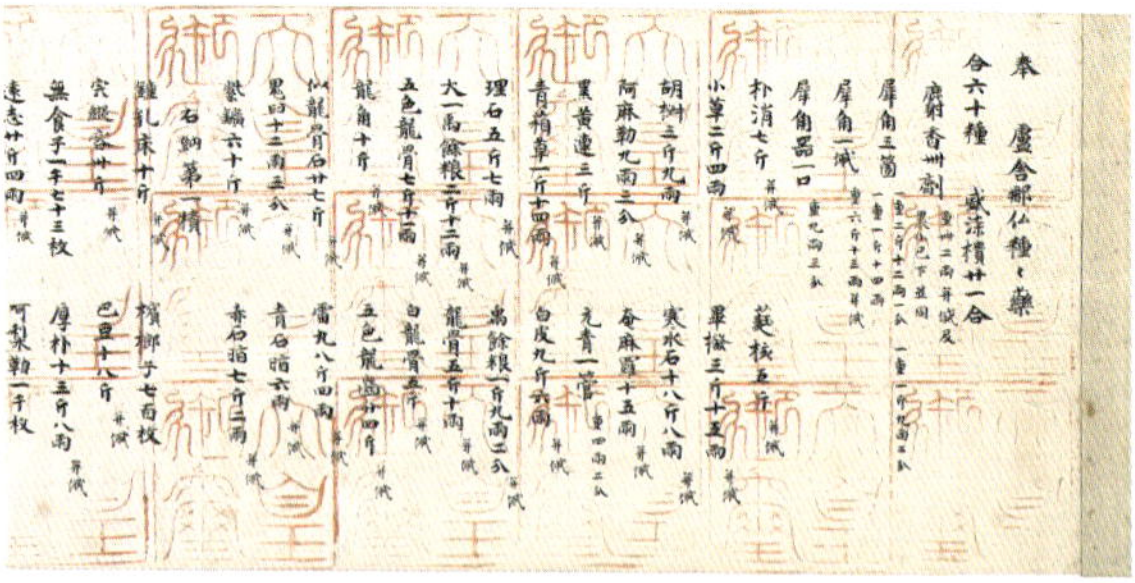
奉 盧舎那仏種々薬
合六十種 盛漆櫃廿一合
麝香卅劑
犀角三箇
犀角一袋
犀角器一口
朴消七斤
蕤核五斤
小草二斤四両
畢撥三斤十五両
胡椒三斤九両
寒水石十八斤八両
阿麻勒九両三分
菴麻羅十五両
黒黄連三斤
元青一管
青葙草一斤十四両
白皮九斤六両
理石五斤七両
禹餘粮一斤九両三分
大一禹餘粮二斤十二両
龍骨五斤十両
五色龍骨七斤十二両
白龍骨五斤
龍角十斤
五色龍歯廿四斤
似龍骨石廿七斤
雷丸八斤四両
鬼臼十二両三分
青石脂六両
紫鑛六十斤
赤石脂七斤二両
右納第一櫃
鍾乳床十斤
檳榔子七百枚
宍縦容廿斤
巴豆十八斤
無食子一千七十三枚
厚朴十三斤八両
遠志廿斤四両
呵梨勒一千枚

正倉院御物「種々薬帳」（部分）

天平勝宝8歳（756年）6月21日、光明皇后が東大寺大仏に献納した60種の薬物を記した目録です。

めたと伝えられます。こうした行いが現在の皇室における皇后の慈善活動へとつながっていくことになったのでしょう。

病弱な天皇に献身的に寄り添い、また自らの御子も亡くすという経験をした皇后にとって、異国からもたらされる香薬の人知の及ばない不思議な力は、何よりも尊くそして神秘的に感じられたのでしょう。

香会

最後に香会の様子をご覧いただきましょう。

❖創作組香「皐月香」

香道には一種の香木を炷きその持ち味をゆっくりと鑑賞する「一柱聞《いっちゅうぎき》」と、二種類以上の香木を炷き香りを聞き当てる「組香《くみこう》」の二種類があります。組香の多くは和歌や物語・季節の風物をもとに考え出されたもので遊戯的要素をもった楽しみ方といえるでしょう。

今回は、三種の香木を聞き当てる組香「皐月香《さつきこう》」をご指導いただきました。

組香「皐月香」では、「橘」「花心」「誰ケ袖《たがそで》」と名付けられた三種類の香木が用意されます。最初に試聞《ためしぎ》きとして、各自が炷かれた香木の香りを聞き記憶に留めましょう。その後の本香では、包みに収めた三種類の香木を各二包ずつ計六包用意し、それらを打ち混ぜたのち無作為に三包取り出し、順に炷いていきます。

それぞれの香木を炷いた三つの香炉は順次参加者へと回され、各自が静かに聞香《もんこう》します。そして三炉聞き終えましたら、同じと思われる香を横線でつないだ図を答とし手記録紙に記します。

全ての手記録紙が集められた後に、香元より正解が披露され、採点が記された記録紙が参加者の手元を一巡し、この日の最高点者に記念として授けられました。こうして香会は終了するのです。

香木の香りはとても繊細です。極々小さく裁断された香木は、少しでも火加減が強いと煙が立ち上がって純粋な香りが消えてしまいます。また、弱いと発散しきることができません。沈香に秘められた妙香を十分に味わうためには、火合いや灰のコンディションが大変重要なのです。

日本の芸道の一つである香道は、茶道と同じように礼儀

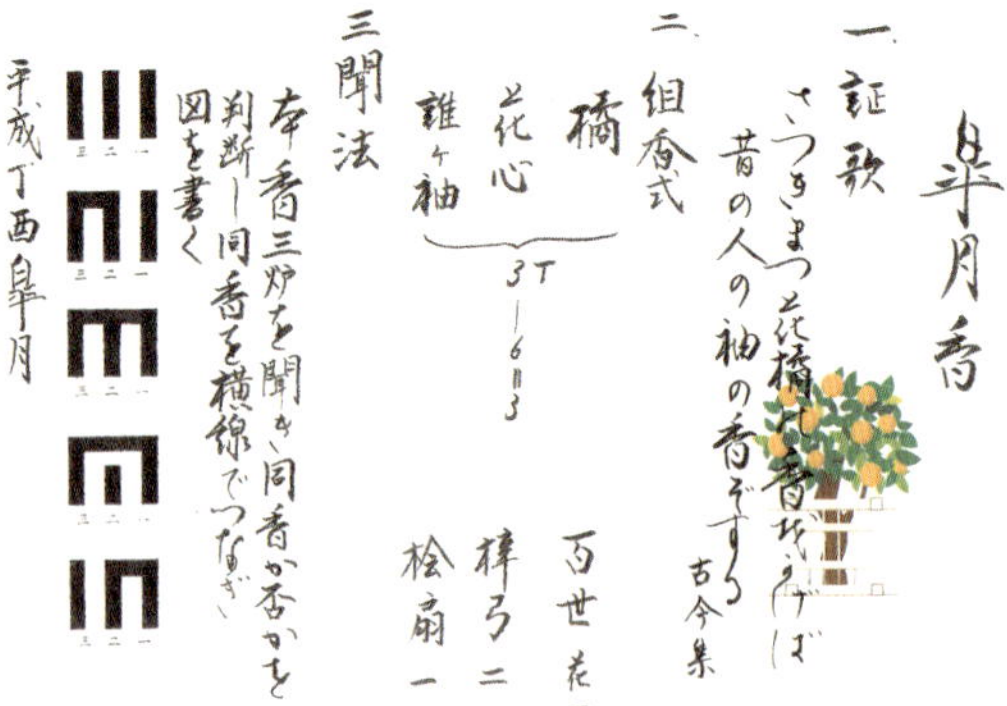

皐月香
一 証歌
さつきまつ花橘の香をかげば
昔の人の袖の香ぞする
古今集
二 組香式
橘 百世 花一
花心 梓弓 二
雛ヶ袖 桧扇 一
三 聞法
本香三炉を聞き同香か否かを判断し同香を横線でつなぎ図を書く
平成丁酉皐月

証歌「五月待つ　花橘の香をかげば
昔の人の　袖の香ぞする」
詠み人知らず『古今和歌集』

銘家伝来の香木「伽羅」

灰桜色の紗のお召し物が素敵な林先生に、組香「皐月香」のご指導を賜りました。香席は初めての方も手順に沿って心静かに香木の香りに心を傾けます。次第に部屋全体が雅な芳香に包まれていくのでした。

や点前の作法が厳しく定められており、型の完成を通して修行を積み重ねていきますが、流れるようなその所作《しょさ》は大変美しく鑑賞に値するといえるでしょう。

どのような習い事も最初は何もわからず戸惑うものですが、先輩方と席を同じくし場の空気に触れているだけでも学ぶことは多く、人生をより深いものへと導いてくれることでしょう。

最後に、銘家に伝来する香木を拝見させていただきました。古紙に包まれた沈香《じんこう》・伽羅《きゃら》を手に取ると、樹脂が焦げたようにも感じる濃厚な芳香が漂い脳が揺さぶられます。目を見張る艶めいた木肌からは、本物だけが放つ威厳と歴史が漂ってくるのでした。

［芙蓉の香莚］会記

明月軒及び翠庵　軒菖蒲

待合　京焼色絵仁清写し「雉香炉」　時代物

唐草蒔絵漆塗り香台「巻き脚平卓」

香「香木千聚・沈香」　山田松香木店

本席　菖蒲の間「明月軒」
床　「杜若図」大幅軸　鈴木其一筆　江戸後期
脇床　五節供「薬玉飾り」　宮沢敏子造
香道具乱れ箱「松喰い鳥文」
『懸物図鏡』公家有職造花木版図譜　西村知備著　江戸時代

小間　藤の間「翠庵」
床　「藤掛の松」　宮沢敏子造
「折枝の恋文」花蝶装飾花結び　宮沢敏子造
木曽桧柾目三宝
石州紙・裾ぼかし金箔振り巻紙

和歌「かくしてそ　人の死ぬといふ　藤波の　ただ一目のみ　見し人ゆゑに」
詠み人知らず「万葉集」

点心席　芙蓉の間
床　「絹本蝶芙蓉図」横幅軸　狩野探幽筆　江戸前期
黒漆螺鈿装飾春日卓　仏器
切支丹花十字紋四季花鳥図香箪笥　時代物
正倉院の香薬　（白檀・呵梨勒・丁子・貝香・八角・匂い菖蒲根）

［七月七日―七夕《しちえ》］

❖七夕伝説

その昔、天の川のほとりに美しい布を織る織姫が住んでおりました。
彼女の織る布は、季節の移り変わりと共に五色《ごしき》に色を変えるという、
それはそれは見事な錦《にしき》の織物でした。
ある日父親である天帝《てんてい》は、年頃になった織姫と
天の川の西に住んでいる牛飼いの青年を結婚させることにします。
ひとめで恋に落ちた二人は幸せに暮らし始めるのですが、
彼に夢中の織姫は、機織《はたおり》の仕事をまったくしなくなってしまうのでした。
娘の様子にとうとう怒った天帝は二人を引き裂き
織姫に再び天の川の岸辺で機を織ることを命じます。
そして一生懸命に仕事をするならば、
一年に一度、七月七日の夜にだけ牽牛《けんぎゅう》と会うことを許すと申し渡します。
あまりの悲しみに涙にくれる二人ですが、

愛する人への思いを胸に七夕の夜を待ち望むのでした。

❖乞巧奠

その昔「乞巧奠《きこうでん》」と呼ばれた中国の星祭りと、日本古来の「棚機姫《たなばたつめ》」の伝承が合わさり七夕の行事が執り行われるようになりました。

祭りでは彦星・織姫を農耕と手芸を司る星と定め、豊作への感謝と裁縫の上達を願います。天皇の御殿である清涼殿《せいりょうでん》の東庭では、秋に収穫された瓜や茄子・梨・棗《なつめ》・ササゲ・大豆などの農産物のほか鮑《あわび》や酒・蓮花などの供え物とともに美しい五色の糸が飾られました、里芋の夜露を天川のしずくに見立てて墨を溶き、星を題材に和歌を詠みあう雅な宴が盛んに催されたのです。

❖五色の糸

正倉院に保存されている「乞巧奠」の針は、その長さが三十五センチもあることから、儀式のため特別に作られたものであることがわかります。

奈良時代の宮中では、長い針三本と短い針四本に五色の糸を通し、ヒサギと呼ばれる赤芽柏《あかめがしわ》の葉

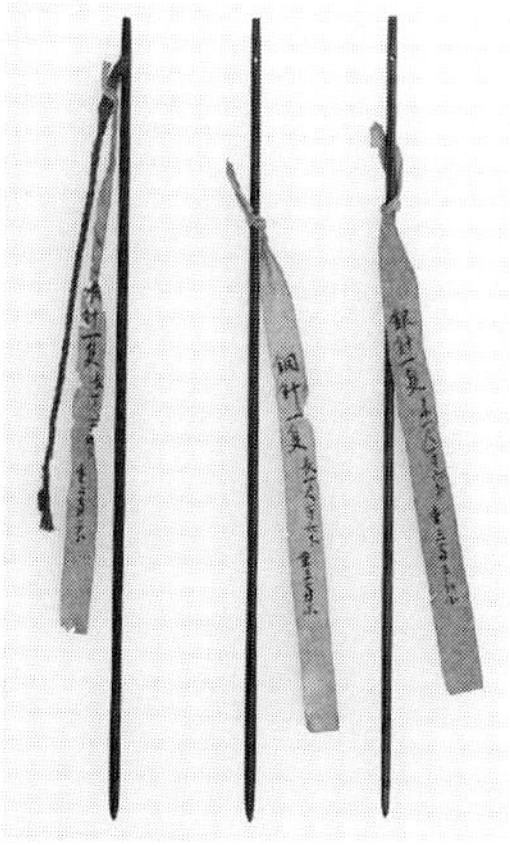

正倉院御物「乞巧奠の儀式に用いた針」　右より、銀製、銅製、鉄製。女性が裁縫の上達を願い、この針に色糸を通したとされる。

星あひ『乞巧奠』

＊＊＊

・江戸唐紙（キラ刷り有職文）・檀紙 ・奉書紙 ・笹枝 ・絹糸
三宝：右「五色糸飾り」、三宝：左「梶の葉飾り」

和紙の襲《かさね》に用いた唐紙《からかみ》は、作品のために特別に制作していただいたもので江戸期の版木で刷られました。顔料には、淡い中紫色に雲母の粉（キラ）を練り合わせ上品なきらめきを演出します。今回はこの唐紙に紅の奉書紙と白の檀紙を色襲し、のびやかな笹枝に絹糸を長く垂らし、三宝に飾ったお供えとともに雅な室礼といたします。

左「梶の葉飾り」
・梶の葉（布製）・五色絹撚り糸
・五色結び紐 ・笹葉 ・和紙 ・檜三宝

葉型をデザインし布で仕上げた梶の葉には、五色の撚り糸を刺し子のように縫いあげ、根元に片結びの紐を垂らして飾ります。七夕の頃に葉を伸ばす梶は、姿の美しい丈夫な植物で、乞巧奠に欠かせない存在です。

右「五色の糸飾り」
・五色の絹糸束 ・笹葉
・和紙 ・檜三宝

三宝に五色の糸を整えてお供えします。繊細で上品な艶を放つ絹糸は、束にしてよじることで更に光沢の美しさが際立ちます。

みずみずしい笹の枝に、それぞれの願い事を記した五色の短冊が飾られます。

「乞巧奠」 酒井抱一『五節供図』より
原本・大倉集古館蔵

に刺して供えました。用いられた五色とは、中国の自然哲学である「五行説」（万物は、木〔緑〕・火〔炎〕・土〔大地〕・金〔鉱物〕・水〔水〕の五つの元素から成り立っているという説）に由来し、それぞれに「青・赤・黄・白・黒」の色彩があてはめられました。やがて五色は変革し、青は緑にもなり黒は縁起が悪いということから紫が用いられるようになります。

そして糸であった供え物も、絹の織物にもなり、庶民にまで七夕の行事が広まると高価な絹の代用として紙製の短冊が用いられるようになっていきました。私たちが幼い頃、五色の短冊に願い事を書いて笹の枝に吊るした風習は、このような流れを経て誕生したのです。

❖上高地の天の川

長野県の上高地を初めて訪れたのは、まだ幼い小学生の頃でした。それ以来、この地に魅せられ何度足を運んだことでしょう。

そびえたつ穂高連峰からそそぎこむ梓川《あずさがわ》の豊かな水、松や熊笹の生い茂る神秘的な森、足元に静かに咲く山の花々、そして夏を忘れさせるかのようなひんやりとした冷気。標高千五百メートルの高地にこれほどまで広大な平地を有する場所は他になく、そして多くの人が訪れる有名な観光地ながらみごとに美しい自然が保たれている場所は稀有《けう》といわれます。

二年前にはリュックを背に涸沢《からさわ》まで登山した私ですが、今回は一泊限りの短い滞在で電車とバスを乗り継いでようやく夕刻上高地へと到着しました。ホテルまでの道筋を歩いていると、すぐさま他では感じることのできない香りに包まれます。それは熊笹が放つ抹茶のような青い芳香と、雪解け水に育まれた苔の香り、そして樹木が放つフィトンチッドの香りでしょうか。フィトンチッドとは、動物のように自由に動きまわることのできない植物が自らの身を守るために放つ芳香で、強力な殺菌作用をもつ物質です。森に入ると癒される爽やかな感覚は、この作用によるものなのですね。透明感あふれる上高地の空気は、知らず知らずに身体にたまってしまった澱《おり》を洗い流すかのよう感じられるのでした。

　荷物を置き、夕食までの時間を利用して大正池まで散歩に出かけましょう。景観を損なわないようにしつらえられた木製の桟橋を行くと、白い蛍袋《ほたるぶくろ》や唐松草《からまつそう》、蕗の丸葉や野あざみが静かに風に揺れています。夕暮れのせいか人気もまばらな中、月の輪熊の出没も報じられ少しびくびくしましたが、大正池で出迎えてくれたのは人懐こい鴨たちでした。上高地の生き物は人を恐れないことで有名です。翌日も河童橋から続く登山道を歩いていると、茂みから突然日本猿の一団が横切りました。頭の小さな可愛らしい猿たちは、威嚇はもとより警戒心も遠慮も何もなく自然なふるまいです。本来の人間と

上高地の原生林

渡りをしないという大正池のマガモ

夏室礼『渚風《なぎさかぜ》』

＊＊＊

・白砂 ・湘南の小さな貝殻（桜貝・イタヤ貝・バイ貝など）
・藻 ・ミント精油 ・丁子精油 ・竜涎香精油 ・アルコール
〔器〕 エナメル金彩オーヴァルプレート（19世紀オールドバカラ）

サラサラと微粉末の白砂に渚に吹き渡る海風を描き、香り付けをした小さな貝殻を飾った夏室礼。渚とは砂浜から波打ち際までの広い砂地のこと。幼い日の夏休み毎年のように訪れた海辺の街では、朝食を終えるとすぐに浜へと駆け出し宿の子も一緒になって波遊びを楽しみました。そして夕暮れになると、真っ黒に日焼けした身体を冷ますように渚を散歩し波打ち際の貝殻を拾い集めたのです。中でもピンクの桜貝を見つけた時の嬉しさは格別で、宝物のようにして持ち帰ったことを思い出します。地平線のかなたへと沈んでいくオレンジ色の夕陽は波間にキラキラと輝き、渚を吹き抜ける風はじつに心地よいものでした。

返礼樹『花水木の平薬』

＊＊＊

・薬玉　・香料　・白花花水木　・六色打紐

初夏のまぶしい陽射しの中、見上げる梢に花開く花水木《はなみずき》。「私の思いをお受けください」という花言葉には、恋する乙女の切なる思いが溢れています。細い枝にたくさんの花を咲かせる花水木ですが、じつは花のように見えるのは葉が変形した総苞《そうほう》と呼ばれるもので、本当の花は中央の蕊《しべ》のように見える部分なのです。一九一二年米国ワシントンへと贈られた桜の返礼樹として日本にもたらされた花水木は、汚れのない真白い花がふさふさと咲く様子がじつに美しく、清らかな風を運んでくれるかのように感じられます。

動物との関係は、このようなものだったのかもしれない、となんだか嬉しくなりました。

夕食を終え星を見に外へ出てみると、満ちる間際の月は見えるものの雲がかかり星の姿が見えません。以前来た時には満天の星空に大きな天の川が見事に横たわり、それはそれは感動したものです。確かあの時は散策中に夕立に遭いずぶ濡れになって宿へと帰り着いた思い出が。雨は夜には晴れたものの月は出ていなかったはず。月明かりが星のまたたきを邪魔するなんて思いもよりませんでしたが、私たちの頭上には、かくも無数の星が散りばめられていることを初めて知ったのです。

小さな蛍がゆったりと舞うなか天の川を眺めていると、あのロマンティックな七夕伝説が誕生したのも納得できること、そしてロマンという甘い言葉が失われつつある所以《ゆえん》は自然が遠くなってしまったことにあるのかもしれない、などとひとり思うのでした。この地は何かにつけ原点を思い出させてくれる貴重な場所だと感じます。まだ訪れたことのない方は清らかな香りとともに広がる優しい自然にぜひ抱《いだ》かれてみてください。

［九月九日―重陽《ちょうよう》］

九という陽の数字が二つ並ぶおめでたい重陽の節供では、菊花を飾り、菊の霊酒を飲み、菊の夜露で肌をぬぐう被綿《きせわた》を贈り合うなど、長寿を願う様々な行事が執り行われました。奈良時代に日本へともたらされた菊の花は、梅・竹・蘭と共に四君子《しくんし》として敬われてきた香り高き植物なのです。

❖重陽の宴と茱萸嚢

木々の葉が赤や黄色に化粧を施す晩秋の頃、宮中では五節供の一つである「重陽の宴」が催されました。

中国の伝説によると「魏の文帝が七歳で即位されたとき、帝は十五歳で命が尽きてしまうとの予言がくだされます。人々が大いに悲しんでいると、彭祖《ほうそ》という仙人があらわれ霊草である菊を手折り帝に献じるのでした。そして帝がこれを服すると、なんと七十もの齢《よわい》を保つことができた」と伝えられます。

こうした伝説により、中国では漢の時代から薬として菊のお酒を飲む習慣がありました。

菊のお酒とは菊の花と葉を穀物に混ぜて作る霊酒で、日本でも天武天皇の皇子が客に菊酒をふる

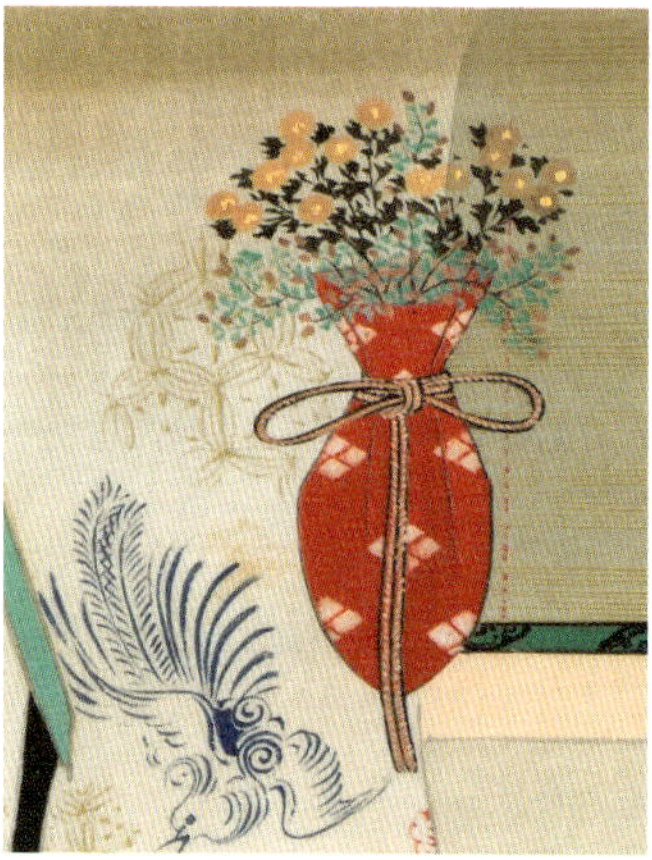

右図に描かれた「茱萸嚢」

「重陽宴」　酒井抱一『五節供図』より
原本・大倉集古館蔵

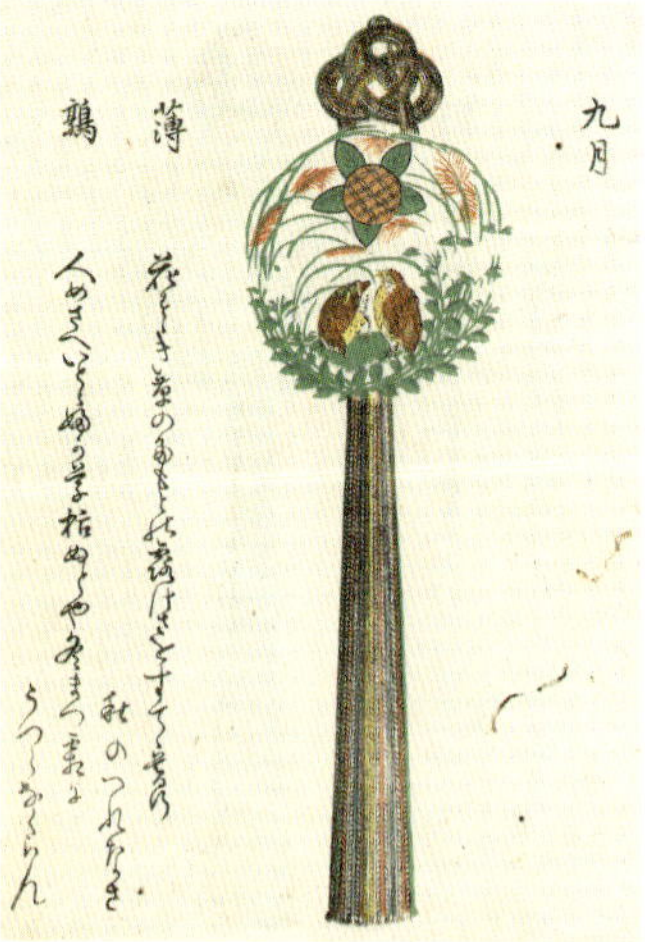

「9月の平薬」薄・鶉《うずら》
(西村知備『懸物図鏡』)

仙人《せんにん》茱萸《ぐみ》袋《ぶくろ》『茱萸嚢《しゅゆのう》』

＊＊＊

・絹古裂（唐松に尾長鶏文）
・茱萸の実枝　・菊　・呉茱萸《ごしゅゆ》の実
・編みかけ房頭付飾り紐

酒井抱一の絵図をもとにデザインした茱萸嚢です。その造花には菊花とグミの枝をとり合わせるのが決まりでした。袋を結ぶ飾り紐はえんじ色に染めていただき、格調高く編みかけ房頭に仕立てました。収納を考え造花部分は取り外せるようにしてあります。

まったとの記述がのこされています。

当初は不老長寿の薬とされてきた菊ですが、やがてその花の美しさから観賞の対象となっていきました。平安時代になると重陽の節供はますます盛んとなり、宮中では菊を題材とした歌合わせも行われるようになります。

そしてまた、五月の菖蒲の節供から御帳台《みちょうだい》に吊るしていた薬玉（菖蒲や蓬の葉で丸く仕立てたものに五色の糸を下げた飾り）を下ろし、新しい菊の飾り（綾やすずしの絹に菊を包んだもの）や茱萸嚢《しゅゆのう》に掛け替えるのです。

枯れ果て色褪せた菖蒲の香りから、澄みわたる秋の日にふさわしい菊花の香りに包まれて人々は眠りについたのでしょう。

❖被綿

被綿《きせわた》とは、菊の露がしみこんだ綿で肌をぬぐう習わしです。節供の前日、菊の花には夕刻から真綿《まわた》が被せられました。すると夜露を含んだ綿に菊の高貴な香りが染み込み、その綿で肌をぬぐうと老いを消し去ることができるという信仰があったのです。平安時代盛んに行われた被綿ですが、後水尾天皇の時代になると白菊には黄色の綿に蘇芳の芯、黄菊には蘇芳の綿に白の芯、そして紫の菊には白の綿に黄色の芯をつけるという色重ねが定められました。

菊の露　若ゆばかりに　袖ふれて
花のあるじに　千代はゆづらむ
『紫式部日記』より

藤原道長の妻である倫子から、紫式部に被綿が贈られてきました。感激した式部は、「いただきました菊の露を私は若やぐほどに袖に触れるとし、花の主である貴方様に千代の長寿をお譲りいたします」との返歌とともに、ふたたび被綿を届けます。互いに相手を思いやる何とも温かい交流がみてとれますね。

❖組香「月見香」

夜空に浮かぶ月の満ち欠けに心惹かれる長月の頃。宮中で初めて観月会を催したとされる村上天皇の御製《ぎょせい》を題材に、月見香の会を開催しました。

月見香には「月」と「客」と名付けられた二種類の香木が用意されます。初めにそのうちの一つの香り「月」を試聞き

月見香を記した料紙と帛紗の上におかれた手記録紙

証歌
「月ごとに　見る月なれど　この月の
こよひの月に　似る月ぞなき」
村上天皇御製『続古今和歌集』

千歳《ちとせ》『菊の被綿』

＊＊＊

・有職平安几帳（鳳凰菊花文）・打ち敷 ・木曽桧三宝

〔材料〕 真綿・食紅・酢・絹糸・菊のオイル

真綿を皇室の紋章である十六文菊に仕立てた被綿です。ふんわりとした真綿に触れていると、なんとも柔らかくそして温かくまるで雲の菊をこしらえているかのよう。染料には肌に触れても安心な食紅と酢を用いました。形を整え十六弁の花びらに縫い上げた花の中には、調香していただいた菊のオイルをしのばせます。その香りはじつに気品にあふれ秋の日に香り立つ菊花の清らかさを思わせます。

重陽『菊の薬玉飾り』

＊＊＊

・古布（鹿の子絞り）・薄絹　・青梅綿　・紅打紐　・紅飾り房
・菊座カン　・金銀金物装飾　・天然石玉　・衣桁型毬掛け台

大切な人の健康長寿を願って一輪ずつ丁寧に縫い上げた菊の薬玉飾り。紅の飾り房で彩り、愛らしく華やかに仕立てます。

し各自が記憶に留め、次に「月」「客」それぞれの香木を三包ずつ合計六包の包みを打ち交ぜ、そのうちの三包を無作為に取り出し順番に炷いていきます。参加者は、香元より回ってくる香炉の香りを聞き次客へと送ります。

　全ての香を炷き終え香炉が香元へ戻りました。一同総礼ののち、各人が香りの印象を「月」か「客」か、判断し答えを「月」と思えば「月」、「客」の香りと思えば「ウ」と記録紙に記します。月見香の答えは月の満ち欠けになぞらえて、様々な呼び名がつけられました。

【観賞】

月月ウ	「待宵《まつよい》」	満月の前日の月
月月月	「望月《もちづき》」	満月
ウ月月	「十六夜《いざよい》」	満月よりやや遅れて登る翌日の月
月ウ月	「水上月《みなかみのつき》」	水面に映る月
ウ月ウ	「木間月《このまのつき》」	木と木の間からのぞむ月
月ウウ	「夕月夜《ゆうづくよ》」	早い時刻にのぼる月
ウウ月	「残月《ざんげつ》」	遅くにのぼり明け方まで残る月

自分の名を記した手記録紙を広げ答えを記します。

手記録盆に回収される手記録紙

ウウウ　「雨夜《あまよ》」　月の姿のない雨の夜

それぞれの答えを記した手記録紙が集められます。香元より今回の正解が披露され、採点がなされた記録紙が席中を一巡し、この日の最高点者に記念として与えられました。

参加者の正解率の高さに先生も感心しきり、日頃の勉強の成果があらわれましたね。

しかしながら組香は香りを当てることだけが目的ではありません。当たらなくともそれは恥ずかしいことではなく、高貴な芳香に心をかよわせることに意味があるのです。

香炉の温もりを両手に感じ、眼を閉じ五感を研ぎ澄まして聞いた沈香の香りは、雅とも幽玄とも表現されるほどに奥深く参加者の心に印象づけられたことでしょう。年々貴重になりつつある香木に触れる大切な時間となりました。敷居が高いといわれる香道の世界ですが、機会がありましたら、皆さまも是非体験していただければと思います。

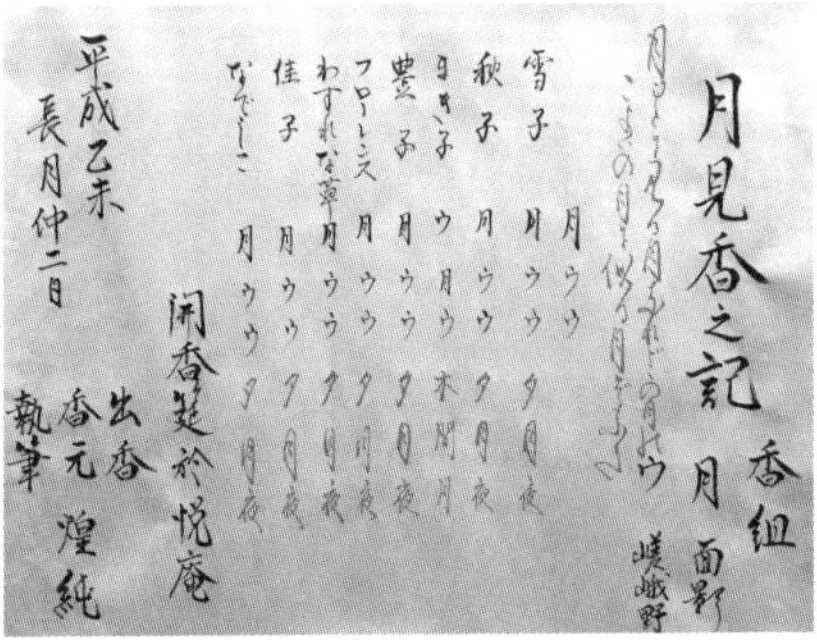

記録紙には、本日の組香名・連衆名（参加者）・各人の回答成績・年月日・場所・香木の出香者名・香元名・執筆者名などが記されます。

深山幽谷《しんざんゆうこく》『錦秋の薬玉』

＊＊＊

・大輪菊 ・中輪菊 ・小菊
・楓 ・銀杏 ・薄 ・六色打紐など

大輪の菊に赤楓・黄銀杏・ススキや小菊など秋の日をまばゆく彩る植物をとり合わせ、淡路結びをほどこした六色の組紐を添えた薬玉飾り。紐はすっと長く垂れ下がり、床になびく様が大変優雅でしょう。有職《ゆうそく》造花の色彩は極彩に近いもので構成され、陰陽道とも深く結びつき独特の美しさを放ちます。

月見香の室礼

本席の床飾りには、ススキや銀杏《いちょう》・紅葉《もみじ》など秋の豊かな彩りを表現した有職飾り錦秋《きんしゅう》の薬玉を飾りました。また、板敷の踏込床《ふみこみとこ》には、桑製平卓に鎌倉の骨董店でもとめた菊尽しの蒔絵平香合を、脇床には千筋《せんすじ》竹細工の虫籠に竜胆《りんどう》・撫子《なでしこ》などの秋草を活け、銀製の鈴虫を添えました。

「菊尽くし文蒔絵平香合」
直径 7.3 cm／高さ 2.3 cm　明治時代

「金ぼかし檀紙紙釜敷」人間国宝・山崎吉左衛門作
「時代雲鶴蒔絵平卓」　桑製

香合は蓋表から側面にかけ様々な菊花で埋め尽くされた明治時代の平香合です。箱裏に印が押されていますが塗師は判明していません。台は鶴と雲の伝統的図柄を描いた桑製の金蒔絵平卓を用いました。

「大和型竹虫籠」
・駿河千筋工芸竹細工・真塗り丸盆
・銀製鈴虫　山田松香木店

駿河の伝統工芸品である大和型の竹製虫籠は、土台に萩の蒔絵がほどこされた雅なもの。竜胆や撫子など秋の愛らしい花々を生け、長い触角が美しい銀製鈴虫を添えましょう。

広縁には、まだ穂の固い薄・撫子・照葉など秋の野花を飾りました。その昔、冠を置いたという漆塗りの秋草蒔絵冠卓を花台に、雅楽の楽器であった菊絵鼓胴花入れを用いて花を飾ります。

月夜野『すすき秋草』

＊＊＊

「菊蒔絵鼓胴花入れ」　江戸時代後期
「秋草蒔絵二段冠卓」　輪島塗
秋草（薄・鳥兜・河原撫子・小手毬照葉など）

秋の食卓にフワッと香る菊のお酒をお届けします。菊の露を飲んで齢を永らえたという中国の伝説より「菊慈童《きくじどう》」と名付けました。作り方はとても簡単。清めた新鮮な菊の花びらをむしって器に詰め、日本酒と香辛料を加えて半日ほど置き、菊の香りが程好く移ったら完成です。十分に冷やし花びらをそっと浮かべてお召し上がりください。

菊慈童『菊の霊酒』

＊＊＊

・食用菊「阿房宮《あぼうきゅう》」
・日本酒 ・丁子 ・大茴香

夜ごとに姿を変えていく月の不思議は、人々に様々な思いを抱かせます。日本神話に登場する月の神「月読《つくよ》命《み》」。今宵は黒兎に姿を変え、穢れを祓う望月の薬玉を抱いてたち現れました。月見の団子の上に鎮座したその姿を、黒米・霊子・柿の実など古代の秋の実りとともに三宝へと供えます。

月読命『聖観音兎の十五夜飾り』

＊＊＊

・聖観音兎 ・黒米 ・薩摩芋
・柿 ・霊子 ・銀杏 ・檜三宝

[十一月二十三日]新嘗《にいなめ》

十一月二十三日に執り行われる「新嘗祭《にいなめさい》」は、その年に収穫された穀物を感謝を込めて神様にお供えし天皇自らもはじめて口にされる宮中行事です。農耕民族である日本の稲作は、縄文時代から始まりました。米は精霊が宿る神聖な穀物として、日本人の精神に特別な思いを持って刻み込まれていきます。

パンやパスタなどが食卓に並ぶようになり、私自身も毎日食することのなくなったお米ですが、旅先の車中から眺める田んぼの風景はいつも心を和ませてくれます。爽やかな五月の風に揺れる水面《みなも》の早苗、天に向かって伸びゆく初夏の若草、重たげに穂を垂れ実りにさえずる雀たち、そして収穫の後の静まり返った田の風景。季節とともに変わりゆくその風景に触れるたび、自然の摂理がかくも正しく巡っているように感じ心が安堵するのでしょう。

日本の原風景といえる稲田は、これからどうなっていくのでしょうか。できることならば未来の子供たちとも、この感慨を共有したいものと願います。

新嘗『五穀豊穣の稲穂飾り』

＊＊＊

・新穀 ・榊 ・奉書紙 ・麻ひも
・鶴若松文蒔絵時代三宝

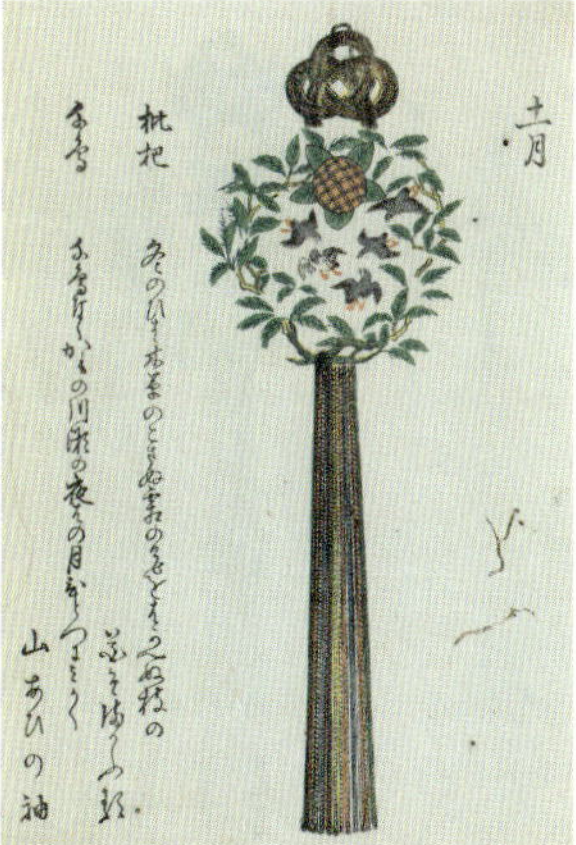

「11月の平薬」枇杷《びわ》・千鳥
（西村知備『懸物図鏡』）

新米の稲穂と榊葉を用いて「五穀豊穣の稲穂飾り」を作りましょう。重たげに穂を垂れる稲を一本一本清めていくと、どこか懐かしいような稲藁の匂いにつつまれ幼い日に父の田舎で目にしたお米の収穫の風景がよみがえってきます。

❖春を呼び込む藪椿

巨勢山《こせやま》の　つらつら椿　つらつらに　見つつ思《しの》はな　巨勢の春野を　坂門人足《さかとのひとたり》『万葉集』

巨勢山を越える旅の途中、よくよく見れば可愛らしい椿の花が重なるように咲いている。
ああ巨勢の春野は、なんと素晴らしいことか。

河上《かはかみ》の　つらつら椿　つらつらに　見れども飽かず　巨勢の春野は　春日蔵首老《かすがのくらびとおゆ》『万葉集』

川のほとりを歩きながらふと気付くと、椿の赤い花が点々と重なるように咲いている。
ああ巨勢の春野は美しく、いつまで眺めていても飽きることがないものです。

『万葉集』に収められているこれらの歌は、「つらつら椿　つらつらに」という軽やかなリズムをともなって春の到来を待ち望む思いを伝えています。大和の時代に人々が行き通った巨勢路《こせじ》とは、当時都であった奈良から和歌山県吉野へと続く道でした。

奈良の神山・三輪山《みわやま》の麓に位置する海石榴市《つばいち》は、日本で最初にできた市《いち》といわれ旅の交差点として大いに賑わいました。また、このあたりは椿の自生地としても有名で、初冬から春にかけて咲き誇る藪椿の赤い花は、霊所といわれる熊野地方へと近づくにつれ山を覆うような大木となり野性味を増していきます。巨木となった椿の森を抜けるとき、人々はこの植物から発せられる力強いエネルギーと神秘的な霊気を感じとったことでしょう。

民俗学者の折口信夫《おりぐちしのぶ》は「椿は春の木」と語り、山の民が里におりて春を言触《ことふ》れる際に持ち歩いた木として紹介しています。また日本海側の海岸線沿いにある椿の群生を見て、これらは野生ではなく春を告げる神聖な椿を大切に思った人々が、南から北へと移動し生きる範囲を広げていく中でタネを携えおのずから植えていったのだろうと推測しています。

太古から続く日本の原風景には、春を謳歌する山桜とともに、冬の厳しい寒さにも艶々とした常緑の葉をもって鮮やかな真紅の花を咲かせる藪椿の原生林が存在していたのです。

正倉院御物「椿杖」

平安時代、宮中では正月初めの卯の日に年中の邪気を祓うため、杖で大地をたたく儀式が行われました。正倉院にはこの神聖な儀式に用いられた椿の木の杖が伝わっています。

❖安達瞳子さんと『百椿図絵巻』

平成十八年三月、椿をこよなく愛した花道家・安達瞳子《あだちとうこ》さんが息をひきとられました。凛とした着物姿の美しいたたずまいと意志の強さをあらわす黒く大きな瞳は、多くの人々の記憶に深く刻まれていることでしょう。世田谷の自宅に植えられた一万五千本もの椿の木が象徴するように、この花と彼女との深い関わりは「安達式挿花《あだちしきそうか》」家元だったお父様と、ある巻物との出会いから始まります。

戦後間もない昭和二十二年、通りすがりの銀座の骨董店に飾られてあった絵巻物に目を奪われた瞳子さんの父親は、迷わず店主に詰め寄り、すでに外国の方の手付きが入っていた巻物を手に入れます。じつはこれは江戸時代に松平忠国が描かせた『百椿図《ひゃくちんず》絵巻』の古写本という貴重なものだったのです。巻を紐解くと、太鼓や扇子などのあしらいとともに数々の椿の花があらわれ、雅で華麗な美しさを放っているのでした。

徳川家康が江戸幕府を構えたとき、その祝いの品として気品ある白玉椿《しらたまつばき》が献上されました。「八千代の栄え」「長寿」という品種名には徳川家の繁栄の願いが込められていたのでしょう。白玉椿はその名のとおり、まん丸で可愛らしい蕾をつける早咲きの椿で、茶の湯の正月に当たる十一月の開炉にふさわしい花として飾られることが多く現在でも愛好されています。

室町時代より武家の間で流行していた茶の湯は、花を活け

『百椿図絵巻』根津美術館蔵

る文化に「投げ入れ」という新しいスタイルを生み出しました。千利休によって確立されつつあった侘茶の美意識にふさわしい花として、枯淡《こたん》な椿は好まれるようになっていったのです。

寺や公家・大名の庭園に様々な植物が植えられるなか、庭木としての椿はさらに人気が高まり、豊臣秀吉の築城した伏見城にはじつにたくさんの椿が植えられ「椿の城」と呼ばれるようになります。とくに徳川二代将軍・秀忠の椿好きは有名で、日本各地の大名に椿を献上させ江戸城内の花畠に椿の大庭園を築いたのでした。

こうして椿は文化人のステイタスとなり、名花や珍花の収集のほか交配に情熱を注いで生まれた園芸種が次々に誕生していきました。椿ブームは寛永の平和な時代を反映して庶民にまで浸透し、多彩なる江戸椿文化が花開くことになります。

そうした熱狂の中、徳川家康の甥で丹波篠山《たんばしのやま》の城主だった松平忠国は、狩野派の絵師・山楽《さんらく》に様々な椿の画を描くことを依頼します。仕上がってきた椿図はじつに繊細で美しく、忠国をおおいに満足させるものでした。そこで彼はこの椿の絵に当時の名だたる名士による和歌・俳諧・漢詩を添えることを思いつきます。総勢四十九名によって添えられた五十二首もの画賛は、椿二図または三図を一つとした構成で仕上げられ、十三枚継ぎ全二巻の『百椿図絵巻』として完成したのです。

長く所在不明とされていたこの絵巻物が、近年、さる旧家から東京・南青山にある根津美術館に寄贈されていたことが判明し、平成十五年三月に日本橋・三越で初めて全巻公開される運びとなりました。『椿物語展』と銘打ったこの展覧会は、椿をこよなく愛し椿に育てられたと語る安達曈子さんの長年の想いを綴る物語として構成され、彼女の椿を用いた「花芸」の作品とともに華やかに展示されたのです。

椿の花を思うとき、私の心にいつも浮かぶのは安達先生の面影です。

先生にお会いできたのは、平成十二年帝国ホテルでの授賞式。世界文化社主催の家庭画報大賞に応募した私は幸運にも帝国ホテル賞をいただき、その会場で審査員となられていた安達先生にお目に掛かることができたのです。いつものように清楚な白い着物と白い帯の装い、そして涼しげな水色の帯締め姿の先生は、静かな微笑みの中にも太古から受け継がれてきたかのような日本女性の芯の強さを秘めておられました。授賞式後のパーティで写真のお願いをすると気持ちよく受けてくださり、「あなたの作品好きですよ」と声を掛けてくださったことが何よりも嬉しい思い出です。

安達流の後継者として育てられたものの父親との確執から家出、さらに絶縁されるという激しい生き方をされた先生は、平成十八年三月十日、椿の花がぽとりと散るように七十歳の生涯を閉じられたのでした。

真紅の花びらに黄色の蕊《しべ》を抱いた藪椿の妖艶な美しさと、大地に根をはり巨木に成長するたくましさを先生の面影にかさね、懸命に生きられた安達曈子先生のご冥福を心より祈り致します。

❖修二会の椿

奈良の春を告げる行事のひとつ「東大寺二月堂・修二会《しゅにえ》（お水取り）」。

二月堂下の若狭井《わかさい》から香水を汲み上げ本尊の十一面観音に供える厳粛な行事は、暗闇のなか松明《たいまつ》をかかげた僧侶が火の粉をまき散らしながら回廊を駆け抜ける様が有名です。

お水取りで仏に捧げられる様々な供物のひとつに、二メートルもの高さに作られた和紙の椿があります。紅白の五弁の花びらに黄色の花芯を付けた椿の花の数は四百にもおよび、その「椿の花こしらえ」は俗世を絶ち身を清めた僧侶らによって粛々と進められていくのです。

今回は、お水取りの椿に似せた五弁の一重《ひとえ》椿を香袋に仕立て、練行衆盤《れんぎょうしゅうばん》へと供えます。

この盆は、修二会で参籠《さんろう》する練行衆（僧）が、飯椀や汁椀などの食器類を載せるために使用するもので、欅《けやき》の材を円盤状に成型したのち全面に黒漆を塗り、表面にのみ朱漆を重ねて制作され、別名「日の丸盆」「永仁《えいにん》盆」ともいわれ、その端正な姿から多くの名工により模写されてきました。

じつは椿は香りをもたない花です。椿によく似たサザンカの花には芳香があるのですが、椿にはないのです。もしも椿が香りを放つとしたら、古代から愛されてきた神秘的な匂いがふさわしいのではないでしょうか。東洋において仏へと捧げられた白檀と、西洋で人々を魅了してきた薔薇をあわせ椿香の香りといたしましょう。薔薇と白檀の相性は大変よく、古代薔薇の麗しい香りは東洋の神秘ともいえる香木と巡りあったことで落ち着きが加わり、春の到来を呼び込む花にふさわしい芳香を放ちます。

修二会『寒椿の香袋』

＊＊＊

・絹古裂　・打紐　・青梅綿
・東大寺二月堂練行衆盤《れんぎょうしゅうばん》

〔香調合〕 白檀・香料薔薇・丁子・桂皮・龍脳

「東大寺二月堂練行衆盤」

奈良東大寺・二月堂修二会で参籠する練行衆（僧）が、食器類を載せるために使用する盆。底面には「東大寺二月堂修二會練行衆盆廿六枚之内永仁六年十月日漆工蓮仏」と朱漆で記されています。当初は僧の数に合わせた二十六枚が制作され、現在はそのうちの十一枚が重要文化財として東大寺に保管されていますが、その端正な姿は多くの名工により模写されてきました。

本品も後世のものと思われますが、水辺の蓮の移り変わる姿を金彩銀彩を駆使して見事に描き出し、左上部には般若心経の「掲諦　掲諦　波羅掲諦　波羅僧掲諦　菩提薩婆訶」という真言が記されています。

その四――清める

❖散華

奈良・東大寺や法隆寺、薬師寺などの大きな法会の折に「散華《さんげ》」という美しい習わしがあるのをご存知でしょうか。

「その昔仏様が天から地上へ来迎されことを祝福し、浄土よりハラハラと美しい花々が舞い降りてきた」という故事から始まった散華は、蓮の花びらをかたどった紙製の蓮弁を僧侶の唱える声明《しょうみょう》に合わせながら撒き散らします。インドから中国朝鮮半島を経て日本へと伝わったとされるこの習わしの歴史は大変に古く、奈良の正倉院にも金箔をほどこした優美な蓮弁形の散華が三枚保存されており、平成六年の正倉院展に出品され話題となりました。

本来散華とは、生の蓮の花びらを集めて行われるものでした。

朝の光とともに折り重なる花びらをほころびはじめ、ふわっと開いた蓮の花に顔をしずめてみたことがあるでしょうか。泥の中から誕生し茎にいっぱいに水をたたえすくっと立ち上がって咲く蓮の花には、清らかに甘く気品溢れる芳香がそなわっているのです。

当初の清冽な香気は、開きそして閉じるを繰り返す三日ほどのうちに成熟を重ね、花びらの重みに耐えかねるようにハラリと散った後にもなお、豊潤な残香を残します。蓮の聖なる香りは、いっさいの邪悪を退散させ儀式をさらに荘厳な雰囲気へと導いたことでしょう。

しかしながら蓮の花びらは繊細で傷みやすく、また日本では大量に用意することが叶わなかったため、蓮弁をかたどった絹や和紙が使われるようになり、時にそれらには香水がふりかけられまた、沈香や白檀などの香料が薫きしめられました。

散華は、華籠《けこ》とよばれる籠に盛られた散華を手にとり声明を唱えながら仏の周りに撒いていくという形式のほか、お堂の屋根にしつらえた籠から風に舞うように撒かれる散華もあります。

平成十四年十月に奈良の東大寺で行われた「東大寺・大仏開眼一二五〇年慶讃大法要《けいさんだいほうよう》」の折には、大仏殿の屋根高くより撒かれた五色の花びらがハラハラと風に舞い人々の気持ちを高揚させました。また昭和三十五年の「唐招提寺南大門修復落慶法要《らっけいほうよう》」においては、ヘリコプターを使って上空より散華が行われたといいます。

儀式に華やかさを加える散華は、より軽やかに遠くまで飛んでいくようにと薄く軽い和紙のほか、しなやかな絹製のものもあり、その多くは仏教の五色に染め上げられました。

そして時代とともに蓮花のほかにも桜の花びらや樒《しきみ》・菩提樹の葉をかたどったものが作られるようになりました、寺院の銘を烙印したものや、杉本健吉・小倉遊亀・熊谷守一など著名な画家の筆による美しい散華も制作されるようになっていきます。木版色刷りに仕立て上げられたそれらは記念品として信徒にも配られますが、美術的にも優れていることから販売もされ「手の平の美術品」として収集する方も多くなっています。

　奈良時代、大変貴重だった和紙に金砂粉を施して制作された優美な散華は、天平人の国家安泰の願いとともに空高く舞い上がり、太陽の光を受けてキラキラと清らかにきらめいたことでしょう。

朝陽を浴びて花ひらく蓮

[正倉院の散華]

正倉院宝物の散華は、花びら形に裁断された無文の緑麻紙《みどりまし》で、片面に細かい金箔が散らされており、形状からみて法会の際に散華の花葩《かは》として供されたものではないかと考えられています。正倉院文書にある天平勝宝4年頃の「経紙出納帳」には、染紙に金・銀の微細な断片を砂子のように撒いて装飾した何種類かの色紙が記されていて、そのうちの緑紙に金砂子を撒いたもの、金塵緑紙《きんじのみどりがみ》が素材であろうとのこと。当時、金塵緑紙は多く使用されていましたが、残っているのはこの3枚の緑金箋のみと大変に貴重なものです。紙質はやわらかく後世の装飾経料紙を想わせる優美な趣があります。(『第46回 正倉院御物図録』より)

正倉院御物「緑金箋《りょくきんせん》」
長さ25.5㎜／幅15.5㎜

盛夏『蟬の訶梨勒《かりろく》』

＊＊＊

・正倉院裂「天平華紋」川島織物　・飾り花結び打紐

〔香調合〕 訶梨勒の実・白檀・甘松・丁子・貝香・乳香・龍脳

六弁の唐花に四弁の副紋を配した川島織物の正倉院文様裂を用いて、吉祥文である蟬をかたどった掛香を仕立てます。中には訶梨勒の実と伝統的な香料を調合して収めました。複雑に絡み合うそれぞれの香りは、やがてひとつの完成された芳香を放ち室内を清浄へとみちびきます。

訶梨勒の実

訶梨勒は英名ミロバラン。中国・インドシナ・マレー半島に産するシクンシ科の落葉高木で、その昔は薬用として大変に有効な幻の果実として珍重され、香りの高さから香料としても用いられました。

❖訶梨勒

その昔、幻といわれた訶梨勒《かりろく》の実は、すっとしたニッキのような芳香をそなえていますが、香料としてだけでなく薬としての価値も高いものでした。光明皇后が亡き夫・聖武《しょうむ》天皇の冥福を願い正倉院に納めた数々の御物《ぎょぶつ》の中にもその名は記載されており、平安時代栄華を謳歌した藤原道長も服用したと伝えられる訶梨勒は「一切風病《いっさいふうびょう》の治療薬」として万病に処方されました。

霊験高い訶梨勒の実は、やがて袋に収められ御簾《みす》や柱に飾られるようになりました。また、その形を象牙や石でかたどることで邪気が祓われるとされ、室町時代には美しい白緞子《どんす》や白綾《あや》などで仕立てた華やかな掛け香「訶梨勒」が制作されるようになっていきます。袋の中に収める実の数は通常十二個で、うるう年には十三個とするのが習わしでした。

現存する日本最古の医書として国宝に指定されている『医心方《いしんぽう》』は、平安時代の宮中医官・丹波康頼《たんばのやすより》が中国隋・唐代の百数十にもおよぶ文献を引用してまとめあげ、九八二年朝廷へと献上した全三十巻の医学全書です。その記載のなかに「呵梨勒丸」（医心方にはこの字が当てられています）という薬名が出てきますのでご紹介しましょう。

インドの神様・帝釈天《たいしゃくてん》の処方と伝えられるこの秘薬は、一切風病の治療薬

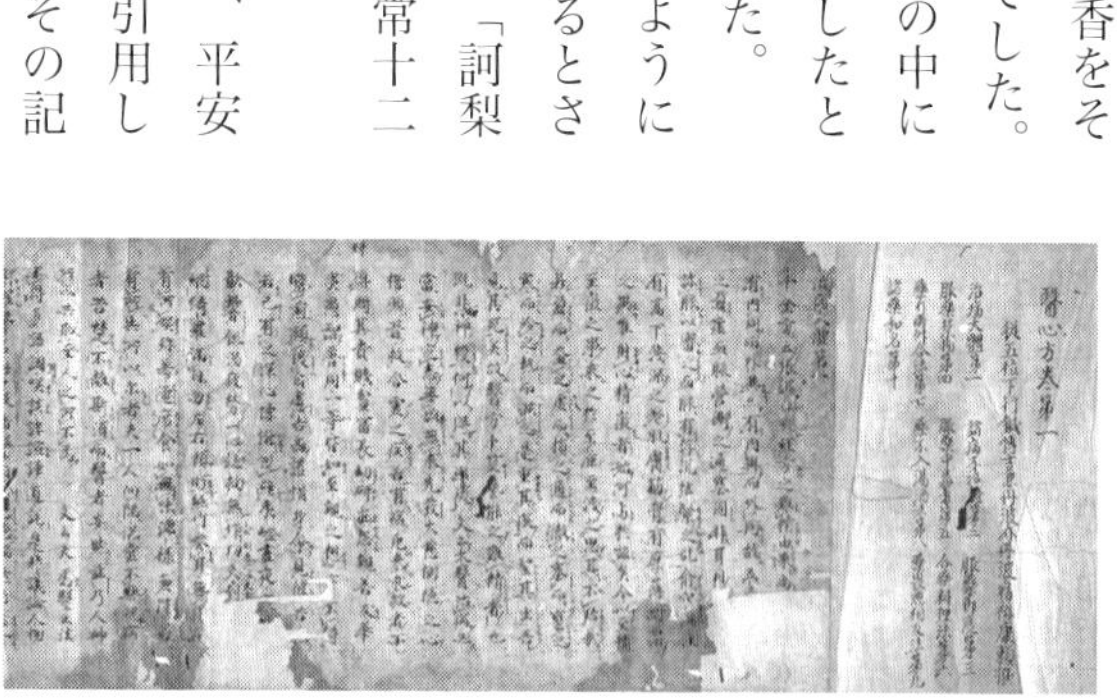

『医心方』の原本
東京国立博物館蔵

として訶梨勒の果皮に人参や大黄・桂心など十三種類の生薬をあわせ蜂蜜で練って丸薬としたものです。風病とは神経や臓器に様々な病をひきおこす万病のことで、すきま風のようにすっと身体に邪気を送りこみ頭痛・発熱・脚気《かっけ》や中風などを引き起こすため「風は百病の長なり、その変化するに至って他病となる」と恐れられました。この処方の訶梨勒の分量がとくに勝っているわけではないのに薬の名称とされていることから、この実がいかに珍重されていたかがわかるでしょう。

この書にはまた、麝香《じゃこう》などの香料を調合した匂袋で鬼を避ける方や、妖怪や毒虫・虎を遠ざける方、修行者が香り高い調合香を服用して体臭を芳しくし修行の妨げとなる欲望を断ち切る方など、大変ん興味深い方術も記されています。

奈良時代、身体が弱かったと伝えられる聖武天皇を気遣い、朝廷には様々な妙薬が集められました。天皇崩御後、皇后によってそれらは東大寺正倉院へと納められましたが、宝物目録のひとつ「種々薬《しゅじゅやく》帳《ちょう》」にはそうした異国から渡来した植物・動物・鉱物などの香薬が一巻にまとめて記されています。

この薬帳を見るとわかるように、仏教伝来に伴い神聖な儀式に不可欠なものとして渡来した沈香・白檀・丁子・桂皮などの様々な香料は、生きるうえでなによりも大切とされた薬と同様に管理されてきました。なぜならば、神々がことのほか愛する香料植物には人知の及ばない不思議な力が宿っており、それらは人の病をも癒すと考えられていたからです。天平時代の香料は、生薬としての役割も高く大変に貴重なものだったといえるでしょう。

鼻煙壺の塗香入れ

乾隆ガラス鼻煙壺
高さ 8 cm／径 5 cm

乾隆ガラスは、中国清王朝・乾隆帝の時代に頂点を極めたとされるガラス器です。下地の半透明ガラスの上に緑、赤、黄などの色ガラスを厚く被せて様々な文様を浮き彫りしたものなど、その優れた技法はフランスのエミール・ガレにも影響を与えました。この鼻煙壺は、緑のガラスの上に黒の色ガラスを被せ梅竹文様に鳥や蝶を彫り上げた逸品です。

堆朱《ついしゅ》とは、素地の表面に漆を数十回以上塗り重ねて層を作り乾燥後に文様を彫刻したもの。中国では剔紅《てっこう》という宋代以降に盛行した中国漆器の代表的技法で、日本には鎌倉時代に伝来し室町時代以降に制作が始まりました。当品は、壺全面に吉祥紋である桃樹が見事に彫り出された鼻煙壺です。

堆朱鼻煙壺
高さ 6 cm／径 4 cm

❖塗香

お香店に足を運ぶと紫檀《したん》や黒檀・桜の木などで作られた伝統的な円形の塗香《ずこう》入れを見かけることと思います。塗香とは、手や身体にすり込んで穢《けが》れを祓い清めるためのパウダー状のお香のこと。

香の使用が始まったとされる酷暑の国インドでは、油に白檀のペーストや香る材を入れた香油をつくり頭痛や発熱のおりに額や身体に塗って熱苦を取り去り清涼感を得る風習がありました。なかでも白檀は非常に高い殺菌力をもち、皮膚を浄化して毒を消す力が秘められているといわれ、塗香の主原料にもなっています。

私は常々、好みの塗香入れを探してきましたが、ようやくこの硝子の鼻煙壺《びえんこ》に出会うことができました。塗香は神仏や自分の心と向き合うときに使うもの。ゆえにくだけすぎずまた長く愛用できるものを求めていたのです。インドで誕生した仏教が日本へとたどり着く道筋となった国、中国の美しい鼻煙壺を器とし、白檀・沈香・桂皮・龍脳など七種の香料を調合した塗香をおさめます。

❖香時計

お香の燃焼速度というのは、以外に正確だということをご存知でしょうか。一定の速度で燃焼する香の性質を利用した香時計は、中国で誕生しやがて日本へと伝えられました。

平安時代、宮廷には自然科学や自然哲学を担当する陰陽寮《おんようりょう》という部署があり、この部署の管理のもと撞かれる「時の鐘」の音を合図に、都中の寺社にある香時計がいっせいに点火され時間を計ってい

香時計『抹香と焼香の空薫き』

＊＊＊

・香炉灰　・抹香　・焼香

　十六世紀ころ南蛮船によって嗜好品としての煙草が渡来し、日本でも煙草の風習が少しずつ根付いていきました。刻み煙草は、様々な道具を必要とするため喫煙具一式を収める煙草盆が考え出され、その意匠は時代とともに発展し優れた調度品が製作されたのです。

　蒔絵師・梶川家は、五代将軍綱吉治世下の天和二（一六八二）年に江戸幕府の御用蒔絵師として召し抱えられた銘家で、以来十二代にわたり将軍家の御細工頭支配御蒔絵師を務めました。本品は天板に火入れ・灰吹を据え、下部に抽斗《ひきだし》を備えた提手付きの箱型煙草盆で、全面に水草や波など彼岸の風景が描かれ、抽斗の取手座金には芦の一葉があしらわれています。

「黒漆　芦船蒔絵提手煙草盆」梶川作　江戸時代

右側面　唐松に芦船図
左側面　波彼岸景観図

たのです。

「時香盤《じこうばん》」もしくは「常香盤《じょうこうばん》」ともいわれるこの香時計は、江戸時代から明治期まで長きに渡り使われました。大名家の収蔵品などに木製の香時計が保存されているのを見たことがある方もいらっしゃることでしょう。

ここでは江戸時代の煙草盆を時香盤に見立て香を薫いてみましょう。まず煙草盆の火入れに灰を盛り乙型の溝をつくります。この溝に抹香《まっこう》（天然香料を粉末にして調合されたお香）と焼香《しょうこう》（香料を刻んで調合したもの）を埋め込んだ後、線香を火種《ひだね》として端より点火すると、徐々に熱が溝を伝わり芳香が満ちていくことでしょう。香りが時を刻む、なんとも優雅な計測法ではありませんか。

❖比叡山・延暦寺の常香盤

幼い頃より仏教を学び、十八歳にして年に十名ほどしか授かることのできない東大寺の受戒《じゅかい》を授かった僧侶・最澄は、さらなる修行の場を大寺院ではなく故郷の比叡山に求めます。七八五年、京都と滋賀の県境にあるこの深い山中に草庵を結んだ最澄は、厳しい修行の末に霊木で自ら薬師如来像を刻んで本尊とし、後に根本中堂《こんぽんちゅうどう》となる一乗止観院《いちじょうしかんいん》を建立するのでした。

この秘仏が祀られている延暦寺の総本堂（根本中堂）には、最澄自らがおこし本尊へと捧げた灯火が開祖以来千二百年もの長きにわたり灯され続け、「不滅の法灯」として受け継がれているのです。

そして万が一この法灯が消えてしまったときの備えとして薫かれているのが「常香盤」の香です。正方形の木製の香炉には平に整えた灰が収められ、綺麗な卍型の溝が刻まれています。この溝には白檀の香り高き「黄抹香《おうまっこう》」が埋め込まれ、絶えることなく淡く白い煙とともに堂内へと芳香を放つのです。

かねてから足を運びたいと考えていた比叡山延暦寺へ訪れる時がようやく巡ってきました。古来より京都の鬼門にあたる東北を守護する霊峰としてあがめられてきた比叡山へは、京都駅から一時間ほどのバスの旅となります。坂を上るその道程は、眼下に琵琶湖を望むじつに心地良いものでした。が、やがて標高が上がるにつれ杉木立が高くそびえる深山静寂の様相が色濃くなっていきます。天台宗の総本山でもある比叡山は、法然・親鸞・道元・日蓮など数々の名僧を輩出したことで有名で、次第に聖域へ足を踏み入れる緊張感が増してくるのでした。

東塔に到着したバスを降りると、すがすがしい山独特の冷気に包まれます。それではさっそく国宝である根本中堂へと向かうことにしましょう。入り口を入ると左右に円柱の連なった長い回廊があり、参拝者は左より進んで堂内へと入ります。そして中陣より低い位置にある内陣を覗き込むようにして礼拝するのですが、そうすると内陣に祀られている薬師如来像が参拝者と同じ目線にくることになります。初めて体験するこのような形式に驚きましたが、これは「仏も人もひとつ」という仏教の教えから来ている天台様式の造作との説明を受けました。とはいえ、今まで見上げるようにして拝んでいた本尊が自分の足よりも下に祀られていることがなんとも申し訳なく感じられてしまいます。

私が訪れたのは、秋も終わりに近づく頃で寒々とした静かな日でした。堂内の床には親切にホットカーペットが敷かれ、人がある程度集まると穏やかな表情の僧侶による説法が始まります。大師様みずから彫られたという本尊を前に、ひんやりとした薄暗いお堂で聞く言葉はことのほかありがたく感じられるのでした。

以前、ある僧侶の方に仏門に入られた故を伺ったことがありますす。その方は「意味は何もないのです。導かれたのでしょう。」とだけお話しくださいましたが、人は自分の思いと関わりなく見えない力によって道を定められることがあるのでしょう。

本尊の前にある三つの釣灯籠には、オレンジ色の光を放つ「不滅の法灯」がゆらゆらと優しく灯り、大師様が入寂して以来保たれているという常香盤の白檀の香りが、静かに堂内を包んでいるのでした。

お堂に置かれた常香盤には、美しく整えられた溝に埋められた黄抹香（白檀香）が薫かれ堂内を清めます。

その五——身にまとう

❖王朝の香り草　藤袴

キク科の多年草植物である藤袴《ふじばかま》は、古代中国で蘭とも呼ばれていました。それは乾燥すると蘭のようにかぐわしい芳香がしたためで、日本には万葉の時代に伝来します。

平安時代、藤袴は上品で趣ある風流な香り草として愛されました。姫君たちは、髪を洗ったあとの香り付けに用いたり、枕の詰めものにするなどしてその香りを楽しんだのです。また、藤袴には解熱・鎮静・利尿作用があり、心を穏やかにするだけでなく不調を癒してくれる力も備わっていると伝えられます。

光源氏が亡くなった後の世を綴った『源氏物語』「宇治十帖」には、主人公として二人の魅力的な貴公子が登場します。彼らの性格は光源氏のもつ陰陽の部分を象徴するかのように描かれました。

薫君《かおるのきみ》（薫大将《かおるのたいしょう》）

薫は、光源氏の年の離れた正妻・女三宮《おんなさんのみや》と若き貴公子・柏木《かしわぎ》との間に生まれた不義の子で、源氏はその事実を知りつつも表向きは実子として彼に接します。罪を背負い生まれてきた薫君は、自らの出生の秘密を知るにつれ、どこか厭世的で憂いを秘めた青年に成長していきました。

薫君の性格は光源氏の陰の部分を表しているといわれますが、彼には生まれながらにしてなんともいえない不思議な芳香が具わっていたのです。その香りの素晴らしさは、文中でこのように表現されています。

「この世のものとも思われぬ高尚な香をからだに持っているのが最も特異な点である。遠くにいてさえこの人の追風《おいかぜ》は人を驚かすのであった。」（与謝野晶子訳）

彼と同じように中国には身体に芳香を持つ美女の逸話が残されています。その代表ともいえるのが、香妃《こうひ》や楊貴妃《ようきひ》でしょう。

唐の玄宗皇帝《げんそうこうてい》に溺愛された楊貴妃は、湯浴みをした水にまで良い香りが移ったといわれますが、当時異民族の強い体臭は珍重される傾向がありました。イラン系の血を引く美女だったとされる彼女には、東洋人にはないエキゾチックな体臭が具わっていたのかもしれません。

匂宮《におうのみや》（匂兵部卿宮《におうひょうぶきょうのみや》）

匂宮は光源氏の孫に当たり、源氏と明石《あかし》の御方《おんかた》との間に生まれた姫君が帝と結ばれてできた貴公子

王朝人『藤袴の香り』

＊＊＊

・手漉き石州和紙巻紙　・唐草蒔絵巻き脚平卓
「七宝透し菊図風炉先屏風」　江戸後期

〔香調合〕　藤袴・竜胆・紫式部・黄菊・吾亦紅・鶏頭・丁子・桂皮・八角
甘松・匂い菖蒲根・龍脳・丁子精油・安息香精油・カラマス精油

若き貴公子・匂宮が、風流な香り草として愛した藤袴・菊・吾亦紅などの秋草を用いたポプリです。秋の七草にも数えられている藤袴には、桜と同じクマリンという成分が含まれており何とも哀愁漂う芳香を放ちます。恋しい人の面影を胸にしたためた和歌とともに飾りつけると、しっとりと肌に馴染むかのような雅な香りが漂います。

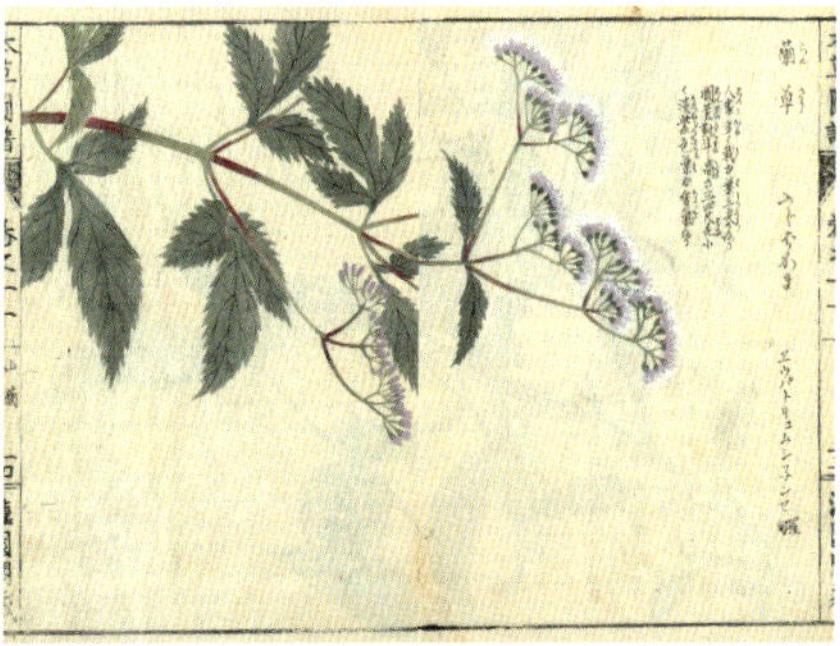

江戸時代の藤袴（蘭草）
（岩崎常正『本草図譜』国立国会図書館蔵）

です。生まれながらにして地位・名誉・美貌・才能などあらゆる条件をもち合わせた彼は、人々の注目に値する輝かしさをもって生まれプレイボーイで情熱的な源氏の陽の部分を具えていました。

薫君と匂宮の二人は仲の良い友人関係を築きつつ立派な青年へと成長しますが、様々な面でのライバルでもありました。とくに不思議な芳香を具えた薫君をうらやましく思う匂宮は、ことのほか香りに対して競争心を燃やします。

「他のことよりもうらやましく思召《おもしめ》して、競争心をお燃やしになることになった。宮のは人工的にすぐれた薫香をお召物《めしもの》へおたきしめになるのを朝夕のお仕事にあそばし……不老の菊、衰えていく藤袴《ふじばかま》、見ばえのせぬ吾亦紅《われもこう》などという香のものを霜枯れのころまでもお愛しつづけになるような風流をしておいでになるのであった。」（与謝野晶子訳）

薫君の身体の芳香に競争心を抱いた匂宮は、自ら調合した薫物を衣に薫き染めることを朝夕の仕事にし、また一般の人が好まれる心地よい花の香りでなく、老いを忘れるという言い伝えの菊や枯れ果てていくフジバカマ、地味な印象のワレモコウなどを、すっかり霜枯れてしまうまで捨てずにおき、その侘びた香りを愛する風流人を気取っているのでした。

なにかにつけ好敵手の二人ですが、こと香りに関して匂宮は薫君に勝ることができなかったようですね。

「カヲル」とは、香りや煙がどこからともなく漂い感じられるように「目に移らない精神的な風情の美しさ」を表すことに用いられました。それに対して「ニホウ」とは、古代において「視覚的色彩の美」を表す言葉でした。「丹《ニ》」とは魔除けの意味をもつ朱もしくは赤を、「穂《ホ》」とは突出することで、「ニホウ」という言葉は「赤があざやかに美しく外に輝きだす」という意味に使われていたのです。ゆえに「薫君」と「匂宮」という名前からも、内面的美と視覚的美という彼らの美しさの違いが感じ取れることでしょう。

薫君の身体から発する香りは恋の場面でさらに強さを増し、去った後にも強烈にその面影を残すのでした。薫君の恋の遍歴は、仏門に対する憧れと女性に対する執着が交差して入り混じり、香りのようにゆらゆらと揺れ動いていくのです。

❖薫衣香《くのえこう》

平安時代、身につける衣に香りを薫きしめることは、高貴な男女の身だしなみとして欠かせないものでした。非常に高価で貴重な渡来品だった香料を用いて作られる薫香は、香りを聞いた一瞬でその方の身分から人格・教養までを表現してしまうため、貴族らは熱心に創意工夫して自らの香りの調合に努めたのです。

当時衣服に香りを薫きしめる道具として用いられたのは伏籠《ふせご》と呼ばれる道具でした。灰を盛った香炉に火をくべて香をくゆらせ、竹や木製の枠に網をはめこんで作られた伏籠を被せます。そ

「牡丹唐草蒔絵伏籠《ぼたんからくさまきえふせご》」
江戸時代　京都国立博物館蔵

の上に衣類を広げ、立ち上ってくる芳ばしい薫煙を染み込ませるという仕掛けでした。

では動くたび風がそよぐたびに漂う薫衣香《くのえこう》とは、どのような情緒を生み出したのでしょう。清少納言の記した『枕草子』から、王朝人の香りに対する思いをもう少し探ってみることにしましょう。

『枕草子』第二十六段　心ときめきするもの

……よき薫物たきて、ひとり臥したる。唐鏡《からかがみ》のすこし暗きみたる。よき男の、車とどめて、案内《あない》し問うはせたる。頭《かしら》洗ひ、化粧《けさう》じて、香ばしうしみたる衣《きぬ》など着たる。ことに見る人なき所にても、心のうちは、なほいとをかし。……

上等の薫物をたいて、ひとりで横になっている時。船来の鏡のすこし暗いのを覗き込んだ時の気持ち。身分の高そうな男が、家の前に車を止めて伴の者に挨拶をさせて何か聞いた時。髪を洗い、お化粧をして、かおり高く香のしみた着物など着た時の気持ち。そういう時は、別段見る人も居ない所でも自分の心の中だけは、やはりはずんだ気持ちになる。(石田穣二訳)

『枕草子』第百九十二段　心にくきもの

……薫物の香、いと心にくし。五月の長雨のころ、上の御局の小戸《こと》の簾《す》に、斉信《ただのぶ》の中将の寄り居たまへりし香《か》は、まことにをかしうもありしかね。そのものの香ともおぼえず、おほかた雨にもしめりて艶《えん》なるけしきの、珍しげなきことなれど、いかでか言はではあらむ。またの日まで御簾《みす》にしみかへりたりしを、若き人などの、世に知らず思へる、ことわりなりや。……

薫物の香りとは、なんとも奥ゆかしいものだ。五月の長雨のころ、上の御局の小戸の簾に斉信の中将の寄りかかっていらした香は、ほんとうにすばらしかったことだ。なんの薫物の香だったかわからず、大体が雨の湿り気で香も一段と立ち勝って素敵な風だったが、こんなこと珍しくもないことだけれども、どうして書かずにおられようか。翌日まで御簾に高く移り香がしていたのを、若い女房たちがまたとなく素晴らしいと思っていたのも至極当然のことではある。（石田穣二訳）

平安時代の貴族たちは、何よりも情緒を理解し美意識に優れていることを理想としました。内なる思いはあらかさまにせず胸の奥に秘め、仕草は限りなく優しく静かであることが求められたのです。そうした王朝人の耽美ともいえる暮らしの中で、語ることなく眼に映ることもなく密やかに漂う薫香は、理想ともいえる自己演出の方法だったのでしょう。

❖玄宗と楊貴妃の物語

長安を都とする中国・唐の時代に、華やかなロマンスとして伝えられる玄宗皇帝と楊貴妃の愛の物語。詩人・白居易《はくきょい》（白楽天）により綴られた『長恨歌《ちょうごんか》』には、二人の出会いから悲しみの幕切れ、さらに死後の世界までが切なく描かれ多くの人々の涙を誘います。
目の前にドラマが展開されるように進行する旋律の巧みさに身を任せ、皇帝と宿命のように結ばれた美女・楊貴妃の愛の物語を感じとってみましょう。

陽家に娘あり　はじめてひとと成し
養われて深閨《しんけい》にあり　人未だ知らず
天性の麗質　おのずから棄て難く
一朝選ばれて　君王のかたわらに在り
ひとみを巡らせて一笑すれば　百媚《ひゃくび》生じ
六宮《りくきゅう》の粉黛《ふんたい》顔色無し

楊家《ようけ》という家に年頃の娘がおりました。大切に箱入り娘として育てられてきたため、人に知られることはありませんでした。しかし、天性の美しさは隠していても現れてしまうもの、たちまちに選ばれ帝のおそばに仕えることとなりました。彼女が流し目をして微笑《ほほえ》めば百の媚態《びたい》が溢れます。もはや六宮の化粧を凝らした美女たちも見るに耐えませんでした。

春宵　短きに苦しみ　日高くして起く

これより君王　朝まつりごとをせず
歓をうけ　宴にじして　閑暇《かんか》なく
春は春遊に従ひ　夜は夜をもっぱらにす
後宮《こうきゅう》の佳麗　三千人
三千の寵愛　一身にあつまる

二人は春の夜の短さを恨むように陽が高くなってから起きるようになっていきます。この頃より帝は、朝の執務を行わず酒宴にはべり暇なときもありません。貴妃は、春には春の遊びに伴い、夜は夜でひとりおそばに仕えます。後宮にいるといわれる美女三千人をしりぞけ、貴妃が皇帝の寵愛を一身に受けるのでした。

玄宗皇帝は、愛する皇后を亡くしてから心引かれる女性に巡り合えずにいました。楊貴妃は、もともと玄宗の息子である寿王の妃でしたが、彼女に魅せられた皇帝は世の中の批判を防ぐためいったん世俗との縁を切らせた後、彼女を後宮にのぼらせます。

帝は彼女と結ばれたとき五十六歳という年齢で、すでに五十九人もの子供がありました。貴妃には美しい三人の姉妹がいましたが、それぞれ秦・韓・虢《かく》の三国の夫人となり、いとこの楊国忠《ようこくちゅう》も高官の地位を与えられ後に宰相までのぼりつめます。まさに楊家の門戸からは、光が射すほどにめでたさが溢れ、ついに世の中の父母たちの間では、男の子を産まずに女の子を産みましょうという風潮がささやかれるのでした。

しかし、二人の幸せなときは安禄山《あんろくざん》という人物の出現をもって悲劇へと流れ込んでいきます。

彼は異民族でありながら、実に巧みに二人に取り入り信頼を得ます。大変肥満体であった安禄山ですが、あるとき皇帝より「そのヒザまで垂れる腹には何が詰まっているのか」と問われ「ただ赤子の心のみでございます」と答えて大変に喜ばれたといわれます。

その後、子供のいなかった楊貴妃と養子の縁組をし、夜明けまで一緒に過ごすこともありましたが、帝は彼に対して何の疑いも抱きませんでした。しかし、その人なつこい顔の裏では兵を起こす機会をうかがっていたのです。

九重《きゅうじょう》の城けつ　煙塵生じ
千乗万騎　西南に行く
翠華《すいか》揺揺として行きて　また止まり
西のかた都門を出ずること　百余里
六軍発せず　いかんともする無く
宛転たる蛾媚《がび》馬前に死す

攻め太鼓の音が大地を揺るがし、ついに安禄山の兵が攻め入ります。不意をつかれた玄宗の軍は、なす術もなく都を逃れていくしかありませんでした。

国を追われた兵士たちは疲れ切っていました。そしてその怒りは楊家へとむけて爆発していきます。最初に責任を問われた楊国忠が殺され、続いて三人の夫人も殺されてしまいます。しかしそれでも兵士たちの憤りはおさまらず、ついに矛先は楊貴妃へと向けられるのでした。帝は必死に彼らを静めようとしますが、その願いももはや叶わないものとなるのです。

貴妃が殺されたとされる場所は、都であった長安から西へ七十キロの馬嵬《ばかい》という宿場で、彼女は将軍の一人に絹の組紐で絞め殺されたとも黄金の粉を飲まされ毒殺されたとも伝えられます。二十二歳で妃となり三十八歳でその生涯を閉じた楊貴妃ですが、最愛の女性を救うことのできなかった帝の嘆きはいかばかりだったことでしょう。しかし本当の苦しみは、この後にこそ訪れるのでした。

思惑どおり長安を陥落した安録山は、その後放蕩にふける日々を送ります。しかし報いからか眼を患い、消えていく視界への恐怖から妄想を抱きはじめ凶暴化していきます。無謀な振る舞いはやがて家来の憎しみを生むこととなり、とうとう殺されてしまうのでした。こうして安録山の天下は、わずか一年ほどで終わりを遂げたのです。

天めぐり日転じて　龍馭《りゅうぎょ》をめぐらし

ここに到りて　躊躇して去るを能わず
馬嵬《ばかい》のはか　泥土のうち
玉顔を見ず　空しく死せし処
君臣相かえりみて　ことごとく衣をうるおし
東のかた都門《ともん》を望み　馬にまかせて帰る

それから月日が経ち、玄宗皇帝の車が都へ帰られる時を迎えました。帰途にあたり一行が貴妃の殺された地に及ぶと人々は皆、動揺を隠せなくなります。この馬嵬の坂の冷たい泥の下にいるであろう楊貴妃の姿はもはや何も見えず、虚しさだけが跡をとどめます。皆、顔を見合わせ流れ落ちる涙に衣を濡らし、とぼとぼと馬の歩むにまかせ都へと進むのでした。

ようやく都へたどりついた玄宗皇帝ですが、もはや涙も涸れ果て失意のうちに悲しさばかりが募ります。いつのまにか西の皇居そして南の内裏《だいり》にも秋草が茂り、落ち葉が橋の上に積もるのも払わず紅へと染まっていくのでした。

思えば、梨園《りえん》（音楽好きの帝が設けた音楽舞踊所）の弟子たちも白髪が生え、女官たちの青い眉も年老いてきました。宮殿の夕べにホタルが飛び交う様は、帝の寂しさをさらに募らせ、灯かりの燈芯を掻き終えても眠れないのです。そうしているうちに遅々として時を告げる鉦鼓《しょうこ》の音が鳴り響きました。これからは秋も深まり、さらに辛い夜が長く感じられることでしょう。

　日々やつれていく皇帝を心配し、ある道士が死者の国へ使いを出してはいかがでしょうかと申し出ます。そして帝は方士《ほうし》（修験者）に命じ、楊貴妃を探させることにするのでした。

　術を使いこなす方士は、空へと上がり気流に乗って稲妻のように走ります。上は青天の極みまで、下は黄泉《よみ》の国の果てまでも行きましたが、どちらも霞んで彼女の姿は見当たりません。そのとき、海上に神仙の棲む仙山があることを耳にします。

　こうして、ようやく方士は黄金の宮殿をつきとめ、次々と開かれる銀屏風の奥から現れた楊貴妃と対面することができたのです。

雲鬢《うんびん》なかば垂れ　新たに眠りより覚め
花冠整えず　堂を下りて来たる
風は仙袂《せんべい》を吹きて　ひょうようとして挙がり
なお似たり　霓裳羽衣《げいしょううい》の舞
玉容寂寞《ぎょくようせきばく》　涙闌干《らんかん》たり
梨花一枝《りかいっし》　春雨を帯ぶ

黒い髪がほつれ、今眠りから覚めたばかりの様子で、頭にのせた花の冠も傾いたまま楊貴妃が堂を降りてきます。彼女の袂《たもと》は風になびいてひらひらと舞い上がり、その様子はかつて舞った「霓裳《げいしょう》・羽衣《うい》の曲《きょく》」を踊るかのようでした。しかし、寂しそうにとめどなく涙を流す様は、春雨にうたれる梨の花の一枝のように哀れさがつのります。

楊貴妃は方士に向かって愛する帝と別れた悲しさを静かに歌います。そして帝への深い愛の気持ちのしるしにと、螺鈿《らでん》の小箱と金のかんざしを二つに分けて託すのでした。話はいつまでも尽きることがありませんでしたが、方士との別れの時が近づきつつありました。

解れにのぞみ　慇懃《いんぎん》に重ねて詞《ことば》を寄す
詞中《しちゅう》誓いあり　両心のみ知る
七月七日　長生殿《ちょうせいでん》
夜半人無く　私語するの時
天に在りては　願わくは　比翼《ひやく》の鳥と為り
地に在りては　願わくは　連理《れんり》の枝と為らん
天長く地久しく　時有りてか尽く
この恨み　連綿として　尽くるとき無し

『楊貴妃図』鳥文斎栄之筆
江戸時代
ロンドン、大英博物館蔵

梨の花

最後の別れにあたり、貴妃は心を込めてある誓いの言葉を託します。それは帝と貴妃のみが知る七月七日の七夕の夜、長生殿で交わしたあの思い出の言葉。

「もしも二人が天にあったならば、願わくば比翼の鳥となりましょう。もしも二人が地にあったならば、願わくば連理の枝となりましょう。」

天地は永遠とはいっても何時かは終わりが来るもの、しかし私たちの愛は何が起ころうともけっして尽きることがないでしょう。

彼女が語った「比翼の鳥」とは、雄雌がそれぞれひとつの眼とひとつの翼をもちいつも身体を寄せ合って飛ぶという中国の伝説の鳥です。また「連理の枝」とは、二本の幹から出た枝が上にいくに従いひとつにつながったもので、共に仲むつまじい夫婦のたとえとして用いられました。

こうして玄宗皇帝と楊貴妃の物語は、星のまたたく七夕の夜の語らいの思い出とともに幕を閉じるのです。

絶世の美女とその名が伝えられる楊貴妃の生涯に、皆さんはどのような思いをもたれたでしょうか。時の権力者に愛されることは、当時の宮廷貴婦人の最高の夢でした。しかしながら力あるものに身をゆだねる女性の人生は、その生死までをも全て翻弄《ほんろう》されてしまうのです。今の時代を生きる私たちには、自分の決心で道筋をつけられるという幸せがあることを、あらためて思うのです。

❖楊貴妃の香嚢と正倉院の小香袋

殺された時、楊貴妃は玄宗皇帝から贈られたかぐわしい香嚢《こうのう》（香袋）を胸に抱いていました。その様子は、唐一代の歴史を記した『旧唐書《くとうじょ》』にこのように綴られています。

上皇、密カニ中使ヲシテ他所ニ改葬セスム。初メ瘞メシ時、紫ノ褥ヲ以テ之ヲ裏ミタルモ、肌膚スデニ壊レ、香嚢ノミ仍オ在リ。内官以テ献ズ。上皇之ヲ視テ凄惋タリ。

月日が経ち、安禄山の死去によって玄宗皇帝の一行は都へと帰る時を迎えました。涙も枯れ果て悲しみばかりが募る帝は、泥の中に埋めたままになっている楊貴妃の亡骸をひそかに改葬しようと使いを出します。

すると埋めた時の紫の衣は朽ち果て肌もすでになく、かつて与えた香袋のみが残っているのでした。使者がうやうやしくこれを献ずると、帝は凄惋《せいわん》な面持ちでじっと見詰めるばかりでした。

玄宗皇帝が楊貴妃に与えた香嚢とは、果たしてどのようなものだったのでしょう。身体が朽ちてもなお残り、変わらぬ匂いを発していたといわれる香袋。中には最上の龍脳《りゅうのう》や麝香《じゃこう》が

「小香袋」正倉院御物
・表蘇芳地夾纈羅と裏白絁の袷
・暈繝角打組紐

復元『正倉院の小香袋』

＊＊＊

・宮廷細密象牙彫刻「天球羽衣天女」

（香調合）
白檀粉　小匙半分
桂皮粉　ひとつまみ
花山椒　ひとつまみ
麝香オイル　1〜2滴

指をたたむと掌に隠れてしまうほど小さな香袋に、調合した香料を真綿にくるんで収めました。雲上にあるという楼閣へ昇った楊貴妃に、玄宗皇帝から贈られた香袋を届けましょう。中国神仙の業を駆使して作られた象牙彫刻は、雲海に舞う天女に彩られ『長恨歌』の世界へと私たちを誘います。

花山椒の実

詰められていたのかもしれません。香料のもつ殺菌力でいつまでも朽ちずに残っていたその妙香に、玄宗皇帝の心は激しくかき乱されたことでしょう。

歴史に残る玄宗皇帝と楊貴妃の愛の物語に思いを馳せ、楊貴妃が最後まで身に着けていた香袋を再現してみましょう。正倉院には、福豆形の小さな香袋が七つ残されています。愛らしいその形と一・八×二・六センチという大きさから中国唐の時代に流行し、帯に吊るしたり懐中《かいちゅう》などとした香袋と同じものではないかと推測されています。

裂地に用いられた蘇芳《すおう》とは黒味を帯びた赤に染まる染料のことで、羅《ら》とは薄く織られた絹をさします。八世紀当時の香袋は現在の中国には存在しておらず、この正倉院に残された小香袋《しょうこうぶくろ》が世界最古のものと思われ、あらためてこうした貴重な文物が保存されてきた奇跡に感謝の気持ちがつのります。

復元した香袋は、小さな四枚の布をはぎあわせて袋にし、絹の色糸を丁寧に編み込んだ組緒で飾りました。香料には、心地よい香りをはなつ白檀粉にニッキといわれる桂皮の甘く辛い香りを合わせ花《はな》山椒《さんしょう》の粒をそのまま加えましょう。中国料理の材料店などで売られている花山椒には、ピリッとした独特の風味があり香りにアクセントをもたらします。最後に麝香のオイルをたらして全体をよくもみ込み、楊貴妃が亡くなるその時まで肌身につけ愛していた香袋の香りといたしましょう。

［伝統に生きる香り］香道

香席でお点前を行う役割を担う人を「香元《こうもと》」といいます。道具を並べ、灰を整え、香を炷くなど規範に則った美しい所作により、つつがない進行が生まれていくのです。下の写真は、銀葉鋏《ぎんようばさみ》を手にした香元によって組香に必要な数の銀葉（香をのせて炷く、雲母《うんも》の薄片に金銀の縁をつけたもの）が試行盤の上にのせられていく様子です。

香が炷かれた香炉が席中へとまわされます。本日の正客は、源氏香の着物を召された金子澄子さん。香を聞くときは、左手のひらに香炉を受け、聞き筋を正面にして右手で覆い、心静かに香りを聞きます。息を吐くときは香炉を避けて下座へ、原則一人三息まで聞くことができます。

香元・林煌純先生

聞香《もんこう》

❖香道具

打敷《うちしき》の上に箔製の敷紙《しきし》が広げられ、聞香のための様々な香道具が並べられました。打敷とは畳の上に直接敷く布製の敷物で、畳半畳よりやや小さく額縁仕立とします。本品は、有職裂（八藤丸紋）に沙《さ》綾形紋《あやがたもん》の額縁をつけ、中に薄綿をおさめて制作しました（宮沢造）。

①乱箱《みだればこ》

香元が香手前をする香道具一式をおさめる箱のこと。御家流では蒔絵のものを用い、志野流では桑生地のものを使用します。セットする香道具の位置は流派により一定の方式があり、これを香道具の組付《くみつけ》と呼びます。

②手記録紙《てぎろくし》と手記録盆《てぎろくぼん》

手記録紙は名乗紙《なのりがみ》あるいは記紙《きがみ》ともいわれる答えを記す紙のことで、香札を用いない組香で使用されます。手記録盆とは、手記録紙や香札をのせて連衆にまわしたり、答を記した手記録紙を回収する時に使用する長

手記録紙に答えを記す

整えられた香道具

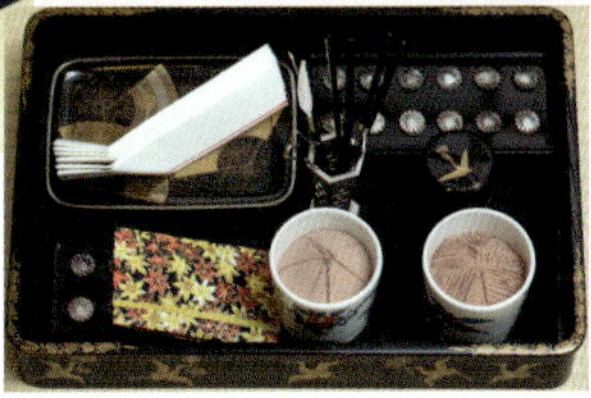

松喰い鶴文様の乱箱に収められた香道具一式

方形の小さな盆のこと。

すべての香が炷き終わり香炉が香元へ戻されましたら、自分の名前を記した手記録紙に各人が答えを記します。

③銀葉盤《ぎんようばん》

銀葉を乗せる台のこと。本香盤《ほんこうばん》は十か十二に区画され、銀葉を置く場所には梅、桜、菊など草花をかたどった貝や金属製の菊座が並べられています。試香盤《しこうばん》は五つか六つに区画された小型のものになります。

④火道具《ひどうぐ》と香筋建《きょうじたて》

火道具とは、灰や銀葉・香木などを扱う七種道具のこと。また香筋建とは、香元が香手前をするための火道具（七つ道具）を差し収める筒のことをいい、その収め方には一定の形式があります。

1 火筋《こじ》 香炉の中に炭団《たどん》を入れ、灰に箸目をつける時に用いる火箸のこと。

2 灰押《はいおさえ》 香炉の灰を押さえ平らにする道具。

手記録盆
三面の扇が描かれた美しい象彦製蒔絵「寿盆」

銀葉盤
松葉蒔絵に黒蝶貝の菊座が並ぶ美しい銀葉盤。手前は本香盤、奥は試香盤。

3 羽箒《はぼうき》 香炉の縁などの灰を払うために用いる柄のついた羽根。

4 銀葉挟《ぎんようばさみ》 銀葉を挟んで灰の上や銀葉盤に載せる時に用いる。

5 香匙《こうさじ》 香包より香木をすくい、銀葉に載せる時に用いる。

6 香筋《きょうじ》 香箸ともいい、香木を挟むために用いる十六センチ程の箸。

7 鶯《うぐいす》 香包を刺しておくための金属製の針。

⑤重香合《じゅうこうごう》

銀葉を入れるための三段重ね香合。最下段は内側に金属を張ってあるものが多く、使用後の熱くなった銀葉や香木の炷空《たきがら》を入れます。

⑥総包《そうづつみ》（惣包）

組香の香木を収めた試香包と本香包を入れておく料紙包みのこと。組香に相応しい絵柄が描かれることが多い。

⑦聞香炉《ききごうろ》

香を聞くための香炉で主に青磁や染付が多く、まれに

紅葉文様の総包

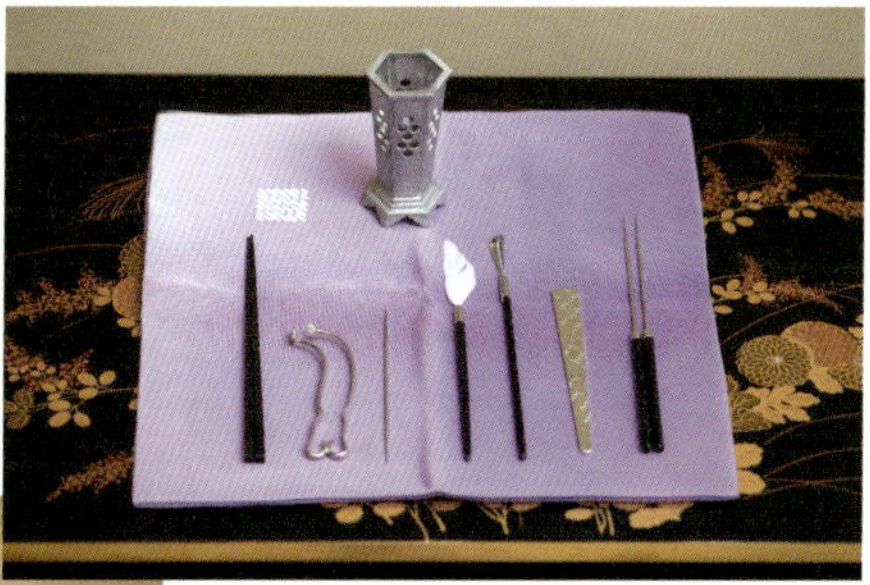

火道具（手前）と香筋建（奥）
七種の火道具、右より「火筋」「灰押」「香匙」「羽箒」「鶯」「銀葉鋏」「香筋」

古木に咲く紅梅が描かれた
時代蒔絵重香合

蒔絵を施した生地製聞香炉もあり、一対、三脚が決まりとなります。

色鍋島焼の聞香炉に香元によって「真」の箸目《はしめ》がつけられていきます。

⑧阿古陀香炉《あこだこうろ》
火をおこした炭団を入れて持ち運ぶ香炉のこと。

流水に萩文様の蒔絵四方盆《よほうぼん》に、籠目透の火屋《ほや》を被せた阿古陀香炉と紅葉料紙の総包を載せます。


香道の発展とともに研ぎ澄まされていった香道具は、金工・陶磁・漆工・木工そして料紙の分野にまでおよび、日本の伝統技術が注ぎ込まれました。

皇室や武家など銘家に伝わる時代を帯びた香道具を拝見すると、大変繊細な仕事がなされていることに感動するとともに、高貴な方々が触れた温もりが染み込んでいるからなのでしょうか、独特の気配が漂い心が惹きつけられるのです。

聞き香炉に箸目をつける

真塗阿古陀香炉

Ⅱ 王朝人の十二カ月

第二部では、江戸中期から後期に制作されたとみられる、手鑑《てかがみ》『堂上方御詠《とうしょうがたぎょえい》　十二カ月色紙和歌画帖』より、大和絵に描かれた王朝人の暮らしをご紹介しましょう。

手鑑とは鑑賞を目的に装丁された折本で、当初は古人の優れた古筆を集めて仕立てられました。

奈良から鎌倉時代の優れた古筆には、文字の美しさはもとより優美な料紙《りょうし》に至るまで日本の美が集約されており天皇や公家など貴族階級の人々によって大切に保管されてきたのです。

やがて一部の人々のものであったそれらを、鑑賞や手本のために手に入れたいという願望が高まり、巻物や冊子を切断して貼り合わせた手鑑が作られるようになります。江戸時代に入ると古筆愛好はさらに広まり、武家や裕福な商人によって美しい画帖が盛んに仕立てられるようになりました。

この「堂上方御詠」は、江戸時代の中期から後期に編纂された公卿の寄合和歌集《よりあいわかしゅう》で、一年十二カ月の和歌とともに題材に沿った大和絵が添えられています。公卿とは公家の中でも日本の国政を担う職についていたトップクラスの高官のことで、この画帖の歌詠みには五代当主・有栖川宮織仁親王《ありすがわのみやおりひとしんのう》や冷泉為泰《れいぜいためやす》、久我信通《こがのぶみち》などの名前が並

箱書『堂上方御詠　十二月色紙和歌』
装丁　薄様絹大名裂　紗綾形《さあやがた》地雲龍文
色紙　金雲すやり霞料紙

表紙の裏（見返し紙）に描かれた「舞鶴に寿」の図柄

んでいます。

武士に政権を奪われたのちの宮廷貴族にとって、和歌は心のよりどころであり収入を得る糧でもありました。和歌の書法のひとつに文字を散らして布置する「散らし書き」というものがありますが、これはわが国独自の表現法で、限られた紙面での余白構成に筆者の美意識が盛りこまれます。そうした秘伝的技法もこの和歌集には見ることができます。

横にたなびく「すやり霞」の色紙にしたためられた和歌と金砂粉を用いた料紙に描かれた大和絵からは、日本の美しい四季を謳歌する王朝人の華やかな暮らしを垣間見ることができることでしょう。

また、この画帖の表紙には大変繊細な薄様の絹が使われており、瑞雲と五本爪の皇帝龍が織り出されています。手鑑は江戸時代、大名家の大切な嫁入り道具でもありました。見返し紙には「舞鶴に寿」というおめでたい図柄が描かれていることから、婚礼調度品のひとつとして制作されたものと推測されます。

年中行事のほとんどは旧暦の時代に始まりました。旧暦の一月は現在の新暦では二月初旬ころにあたります。以降の記述は、旧暦と新暦におよそ一カ月のずれがあることを念頭にお読みいただければ幸いです。

春

旧暦一月（睦月）　小松引　正月祭祀
旧暦二月（如月）　桜賞玩　西行桜
旧暦三月（弥生）　山吹　曲水の宴

夏

旧暦四月（卯月）　ホトトギス初音　葵草　賀茂祭
旧暦五月（皐月）　田植え　端午
旧暦六月（水無月）　川逍遙《かわしょうよう》　釣殿《つりどの》　氷室

秋

旧暦七月（文月）　鹿鳴草《しかなきぐさ》　七夕の恋歌
旧暦八月（葉月）　狩衣　観月の宴　不完全の美
旧暦九月（長月）　茱萸嚢《しゅゆのう》　紅葉

冬

旧暦十月（神無月）　残菊の宴　もののあはれ
旧暦十一月（霜月）　鎮魂祭《みたましずめのまつり》
旧暦十二月（師走）　歌に詠まれた梅の花　練香『結梅』

〔一月　睦月〕

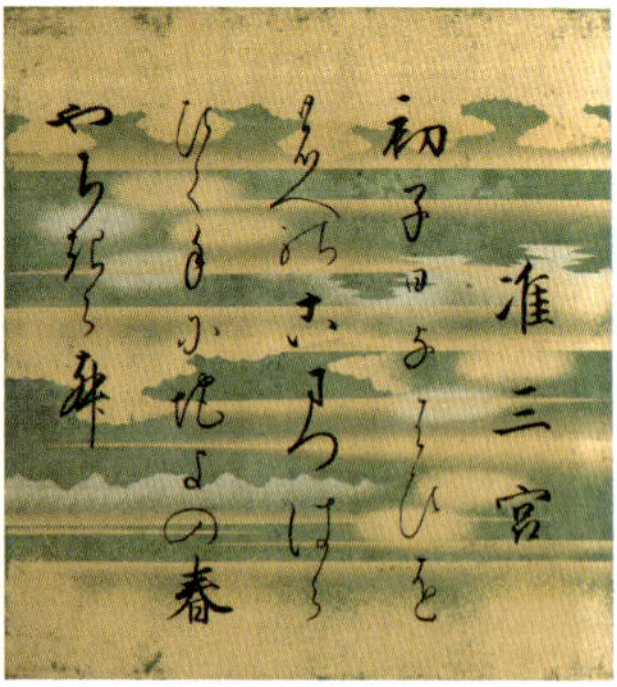

准三宮

初子の日　よはひを延への　小松はら
　ひく手に千代の　春やちきらむ

初子の日、寿命を延ばす霊力があるという小松を引く手に、千世の春をお約束いたしましょう。

✣小松引

正月初めの子《ね》の日は初子《はつね》（初音）と呼ばれ古来より、小高い丘に登り四方《しほう》を望むと陰陽の気が定まり煩悩が取り除かれると、いう言い伝えがありました。

平安時代の貴族たちは、皇室の狩猟所である紫野や北野などに出かけ、小さな松を根付きのまま引き抜いたり凍える大地から芽吹いた若菜を摘んでは、親しい人々へと贈り合い羹《あつもの》（吸い物のこと）にして健康長寿を願うのでした。

✣宮中の正月祭祀

天皇が行う正月祭祀は様々あり、それらはまだ暗い夜明け前より厳かに進行していきます。

寅の時刻（午前四時頃）

最初に行われる「四方拝《しほうはい》」は、清涼殿《せいりょうでん》の東庭に屏風・高机・香炉・燭台・造花などをしつらえ、特別の装束に身を包んだ天皇が天地四方を拝しその年の災いを祓って国土の長久を祈る儀式です。

続いて「供御薬《みぐすりをぐうず》」と「葉固《はがため》」の儀に移ります。

「供御薬」とは現在の屠蘇《とそ》にあたるもので、大黄・桔梗・桂心・防風など十種ほどの生薬を緋色の袋に入れて浸した霊酒を飲みほし心身の穢れを取り

『四方拝出御之図』
公事録附図　明治 20 年完成
宮内庁書陵部図書寮文庫蔵

儀式は夜明け前に行われるため、天皇は明かりの灯された筵道《えんどう》を歩き、唐人の描かれた屏風で囲われた拝座まで進みます。

のぞきます。屠蘇という字には鬼気を屠《ほふ》り魂を蘇生させるという意味が秘められているのです。この儀は中国唐の時代に始まり九世紀ころ日本へと伝わりました。

「葉固」は、齢《よわい》に通じているという歯に力を与える儀式で、天皇の長寿を願い押鮎・鹿肉・猪肉・大根・餅鏡などが献上されました。餅鏡とは力を与えてくれる餅を神の宿る神聖な鏡に見立て作られもので、後の世の鏡餅へとつながっていきます。

辰の時刻（午前八時頃）

夜明けを迎えると、「朝賀《ちょうが》の儀《ぎ》」がはじまります。

朝賀とは、唐の風習にならい天皇が文武百官から新年を祝される公《おおやけ》の宮中儀式で、辰の刻の音を合図に高御座《たかみくら》に坐した天皇より詔《みことのり》がくだされます。

続いての「小朝拝《こちょうはい》」では、関白より六位までの昇殿を許された上流貴族が清涼殿において天皇に拝謁《はいえつ》をしました。当初は大極殿《だいこくでん》において盛大に執り行われていた朝賀の儀ですが、時代とともに簡略化され、平安中期になると私議《しぎ》であった小朝拝が毎年の恒例行事となっていきます。

昼過ぎより

紫宸殿において宴会である「元旦節会《がんたんのせちえ》」がはじまります。

このとき朝廷が陰陽寮《おんようりょう》に作らせた「暦」が奏聞《そうぶん》され、貴族たちに分け与えられました。陰陽寮とは暦の制作から天文・占いなどをつかさどる役所のことで、天皇には「具注暦《ぐちゅうれき》」と「七曜暦」が献上され、他の貴族には「具注暦」が与えられます。暦には季節の年中行事から毎日の吉凶を示す言葉などが記されており、日々を暦に従って行動していた平安貴族にとって暦なしでは生活が成り立たないほどに貴重なものでした。ゆえに年の初めに具注暦を拝領することは何よりも重要だったのです。

次に宮内省は、氷室《ひむろ》の氷の寸法や厚さを天皇に奏上《そうじょう》します。これは「氷様《ひのためし》」という占いで、氷の厚いことは豊年のしるしとされました。さらに大宰府からは初春の慶賀を意味する腹の赤い魚が献上されます。

終わって御膳《ごぜん》が供されますが、はじめに儀礼的な作法である「三献《さんこん》の儀」が執り行われます。これは天皇に三品の膳を献じその度に酒を三度すすめるもので、初献は鮑御羹《あわびあつもの》、二献は御飯、三献は御菜が献じられました。三献の儀は、時代とともに少しずつ変化し、室町時代には打ち鮑・勝栗・昆布の三品を肴として酒を三度ずつ飲み干す武士の出陣の儀式となり、さらに現代では結婚式の三三九度へと継承されていったのです。

この儀の後、元旦節会の宴が始まることになります。この様にして年の初めの日は暮れ、翌二日目には天皇が上皇や皇太后にまみえる「朝覲行幸《ちょうきんぎょうこう》」から始まるのです。一年で最も重要な月とされた一月は、宮中行事も一番多く日々様々な儀式が執り行われるのでした。

朝覲行幸の様子　紫宸殿を出発する天皇一行
(『年中行事絵巻』住吉家模本より)

[二月 如月]

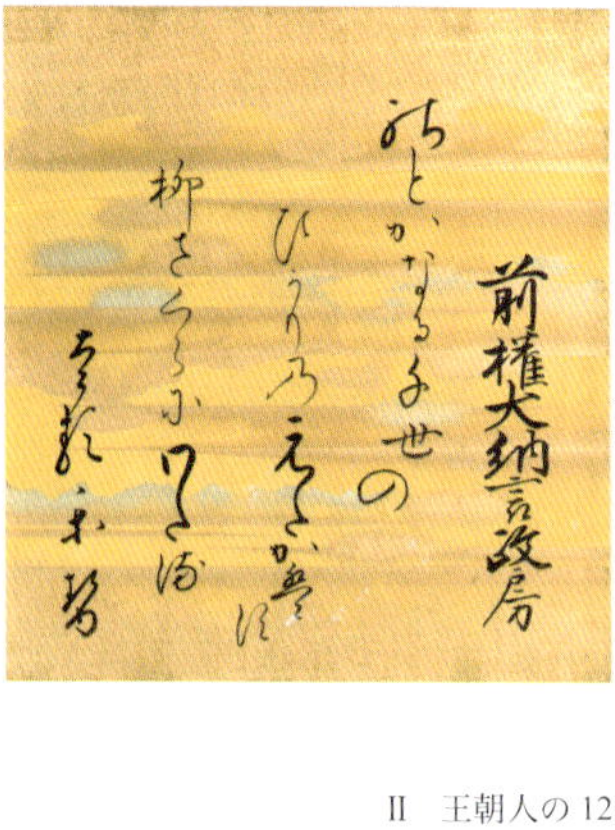

前権大納言正房

のとかなる　千世のひかりの　枝かはす
柳桜に　わたる春風

のどかに輝く千年の光のなか、仲睦まじく枝をかわす芽吹き柳と満開の桜に心地よい春の風が流れていきます。

❖桜賞玩

歌人・素性法師は次のように詠みました。

見わたせば　柳桜をこきまぜて
都ぞ春の　錦なりける

『古今和歌集』

はるか都のあたりをながめれば、芽吹いた柳と満開の桜が交ざり合い、都はまさに錦の美しさでございます。

平安時代、一月といえば梅、そして二月には桜の花が賞玩《しょうがん》されました。都大路の左右には柳と桜の樹が交互に植えられ、人々は風になびく柳の若芽と優しいピンク色に花開く桜の花が互いに交じり合う景色に春の訪れを感じその美しさに酔いしれたのです。

奈良県吉野山の千本桜（下千本）

奥千本の金峰神社
近くにある西行庵

❖西行桜

春の日を淡くいろどる桜の花は、見るものの心をなごませこの国に生まれた幸せを感じさせてくれる存在といえるでしょう。

日本の野山には、もともと野生種である山桜が自生していました。桜の名所といわれる奈良県吉野山には、平安時代の歌人・西行法師がむすんだ小さな庵が残されています。吉野山はその昔、鬼神をも操る霊力をもっていたという修験道（山岳修行）の開祖・役小角《えんのおづぬ》が桜の樹に蔵王権現を刻んだことにより、桜がご神木としてあがめられるようになりました。その後、修験道の聖地となった吉野には桜の苗木をたずさえて参詣する人が多くなり、現在のような麗《うるわ》しい景色へと移り変わっていったのです。

平安時代末の乱世に生まれ生きることに無常観をつのらせていった西行法師は、二十三歳の若さで出家の道を選び、どの宗派にも属さず山里の庵にひとり住み孤独の中で心の安らぎを求めるのでした。

山々を優しく染める山桜は、西行にとってただ美しいだけのものではありませんでした。咲き誇りそしてはらはらと散りゆくその姿に、みずからの心情を託しじつに多くの歌を詠んだのです。

花に染む　心のいかて　のこりけむ
　捨て果ててきと　思ふわか身に

現世での執着を捨て去ったと思うわが身なのに、なぜこれほどまでに桜の花に心を奪われるのでしょうか。

なかむとて　花にもいたく　馴れぬれは
　散る別れこそ　悲しかりけれ

ずっと眺めていたからでしょうか、情がうつってしまったようです。散りゆく桜の姿が悲しくてなりません。

決まり事にとらわれず自分の弱さや戸惑う心を素直に詠んだ西行の和歌のかたちは、俗語を用いてもなお気品をそこなわず独特の抒情感を生みだし、当時の歌壇中心人物らに大きな影響を与えます。

鞍馬、高野山、伊勢など心のおもむくまま諸国を巡った西行法師は、一一九〇年に七十三歳でこの世を去りましたが、終焉の地もやはり修験道の開祖である役小角が開いた大阪河内の弘川寺でした。空海そして行基《ぎょうき》も修行したといわれるこの寺の裏山にむすんだ小さな庵で病に伏し亡くなるのです。

「和歌を一首詠むのは、仏像を一体彫るのと同義」と、語ったことからわかるように歌作りは仏道修行の一環でもあったのでしょう。また、西行は没する数十年前にこのような和歌を残していました。

願はくは　花に下にて　春死なん
　そのきさらきの　望月のころ

願いが叶うものならば満開の桜の下で死にたいものです。お釈迦様が入滅されたという如月の満月の頃に。

その願いどおり釈迦入滅の翌日二月十六日、桜の盛りに終焉を迎えたことで西行の生きざまは人々にさらなる感動を与えることになります。

誰にも邪魔されず心ゆくまでながめた桜の姿は、人生の様々な場面と重なって見えたことでしょう。これより桜は植物という枠を超え、日本人の死生観にまで入りこむ特別な存在となっていったのです。

［三月］弥生

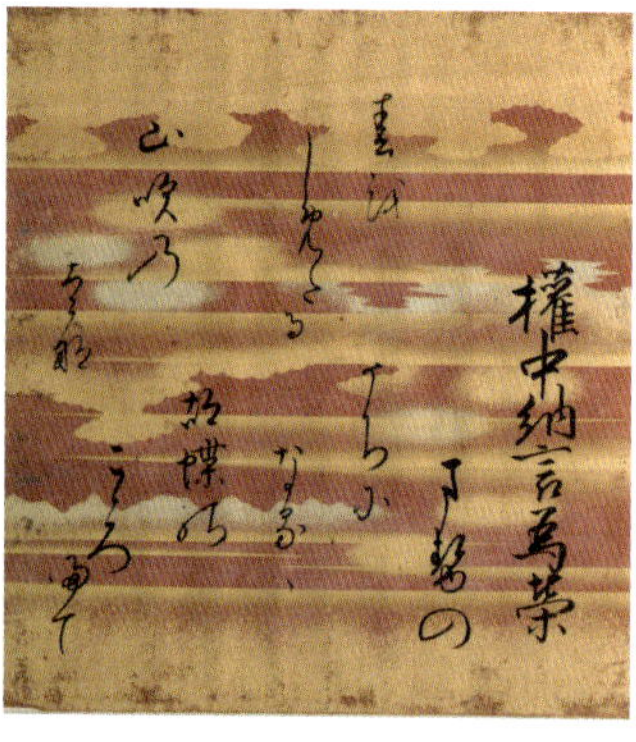

権中納言為栄

ませのうちに　なる、胡蝶の　こゝろまで
春をしめたる　山吹のはな

垣根の内に胡蝶たちが舞い遊んでおります。春をわがものと咲き誇る山吹の花のそばで。

❖山吹の花

桜の花が散るとともに蕾をほころびはじめる山吹《やまぶき》の花。

黄金色の美しい花色と、野山に群生し次から次へと咲き競う華やかさもあり、山吹は奈良平安時代の人々にたいへん愛されました。その名前の由来は、しなやかな枝が風に大きく揺れるとまるで山を振り動かすかのように感じられたことから「山振《やまぶ》り」と呼ばれ、それがのちに「やまぶき」へ転じたといわれています。

唐の時代より春を象徴する花として愛されてきた山吹は、恋しい人を思う思慕の花でもあり、『万葉集』に収められた山吹の和歌十七首のうち十二首が恋の歌なのです。

❖胡蝶の舞

『源氏物語』「胡蝶」の巻には、春爛漫の三月に源氏の住まいである六条院の池に龍

『源氏物語図屏風　胡蝶』
土佐光吉作　桃山時代
ニューヨーク、メトロポリタン美術館蔵

「曲水宴」　酒井抱一『五節供図』より
原本・大倉集古館蔵

の頭を船首に設えた龍頭鷁首《りゅうとうげきしゅ》の船を浮かべ、唐風に演出した宴の様子が描かれています。

船上では雅楽の調べとともに、背中に蝶の羽をつけ山吹の花の天冠をつけた愛らしい童たちが舞を披露するのでした。春の訪れを祝う華やかな春の宴は、親しい公達や紫の上そして女房たちとともに夜が更けるまでにぎやかに執り行われたのです。

❖曲水の宴

中国・漢の時代の記述に、三月に生まれた三女が皆死んでしまったことから水辺で禊《みそぎ》をし盃を流した、という話が残されています。また日本神話『日本書紀』や『古事記』にも水辺で禊をおこなう様子がたびたび描かれているように、古来より水には穢《けが》れを祓う力があると信じられてきました。

川や浜などに赴いて身を清める禊の風習は、やがて清流のもとで詩歌をつくる「曲水《きょくすい》の宴」へと発展していきます。

　貴族たちは水のほとりに距離をとりながら座り、上流より流れてくる盃が自分の前を過ぎる前に和歌を詠み、酒を飲み干して次へと送ります。奈良時代に始まり平安中期に完成されたとされる曲水の宴は、やがて宮中の正式な年中行事として行われるようになっていきます。

❖平城京左京三条二坊宮跡《みやあと》庭園

　一九七五年、奈良で郵便局の移転に伴う発掘調査が実施されたおり、奈良時代の庭園跡が発見されました。

　特徴的だったのは南北を貫くように築かれた細長い池の遺構で、その流れはS字を描くように蛇行しており全長は五十五メートルにも達するものでした。また、池の底は比較的浅く粘土で固めた上に玉石が敷き詰められていたことから、研究者はこの地で曲水の宴が催されていたものと推察しています。

　また池底の木枠からは蓮などの水生植物の花粉も見つかっており、植物の演出がなされていたことがわかります。

　この貴重な庭園遺跡は一九七八年特別史跡に、さらに一九九二年には学術的・文化的価値があらためて評価され、国の特別名勝に指定されました。

奈良市・平城京左京三条二坊宮跡庭園
園池と復原した建物

〔四月｜卯月〕

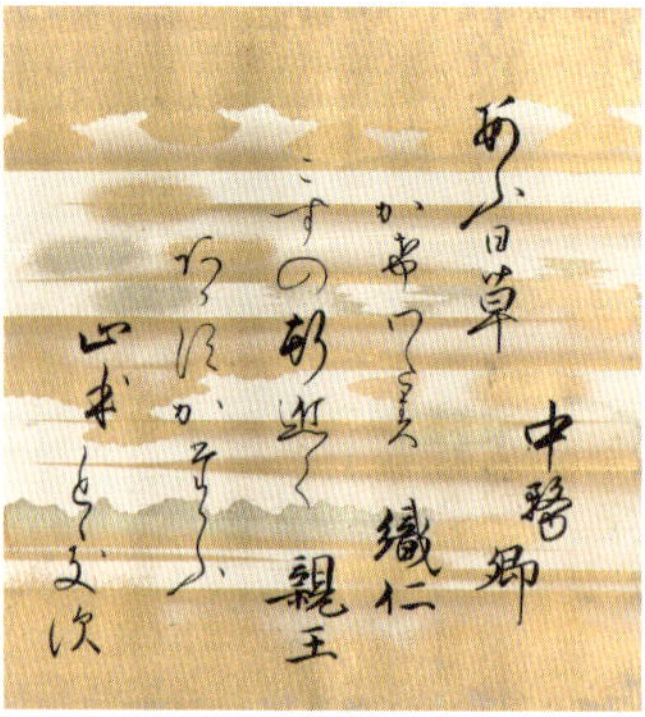

中務卿織仁親王

あおい草　かけわたす小簾の　軒近く
あかす語ろふ　山ほとゝきす

葵草を簾《すだれ》にかけた軒近く、胸の内をひらき語り合ううちに夜も明け、山ホトトギスの初音《はつね》が聞こえてまいりました。

❖ホトトギスの初音

夏の訪れをいち早く告げるホトトギスの初音は、その昔「忍音《しのびね》」といわれ大変珍重されました。人々は夜更けに響き渡るそのさえずりを誰よりも早く聞こうと寝ずに幾夜も明かし、耳を澄ませたといわれます。

清少納言は『枕草子』第四十一段に、「五月雨の降るころ夜に目覚め、ホトトギスの忍音を誰よりも先に聞きたいものと耳を澄ませていると、深い夜に鳴きはじめたそのさえずりがことのほか上品で、なんともいいようがないほどに素晴らしい」と綴っています。

❖葵桂の飾り

簾に垂らすように飾られている葵草とは、賀茂祭（葵祭）に飾られる葵桂《あおいかつら》で、その起源は上賀茂神社の御祭神である賀茂別雷大神《かもわけいかづちのおおかみ》が神山に降臨されたとき「葵と桂を編んでお祭りせ

京都御所を出発し、下鴨神社を経て上賀茂神社へと向かう賀茂祭の行列

禊の儀に臨む斎王代
下鴨神社にて

よ。そうすればわたしに逢えるであろう」との真言を授けたことにより始まりました。

葵桂は桂《かつら》の枝と二葉葵《ふたばあおい》の葉をからげるようにしてつくるお飾りで、祭では社殿や内裏寝殿《だいりしんでん》の御簾をはじめ居並ぶ祭員の衣冠、牛車や馬などいたるところに飾られることから、この祭りは「葵祭」といわれるようになります。

みずみずしい植物が発する爽やかな芳香は、人々に初夏の訪れを感じさせ、祭にさらなる趣を加えているといえるでしょう。

❖賀茂祭（葵祭）

六世紀・欽明天皇の時代に、人々を苦しめた風水害を鎮めるため始まった賀茂祭は、平安時代になると天皇からの勅使が参向する祭祀「勅裁《ちょくさい》」となります。

祭では伊勢神宮の斎宮《さいぐう》にならい嵯峨天皇の皇女・有智子内親王《うちこないしんのう》が初代の斎王《いつきのみこ》となりました。斎宮とは未婚の内親王または女王から選ばれ、天皇

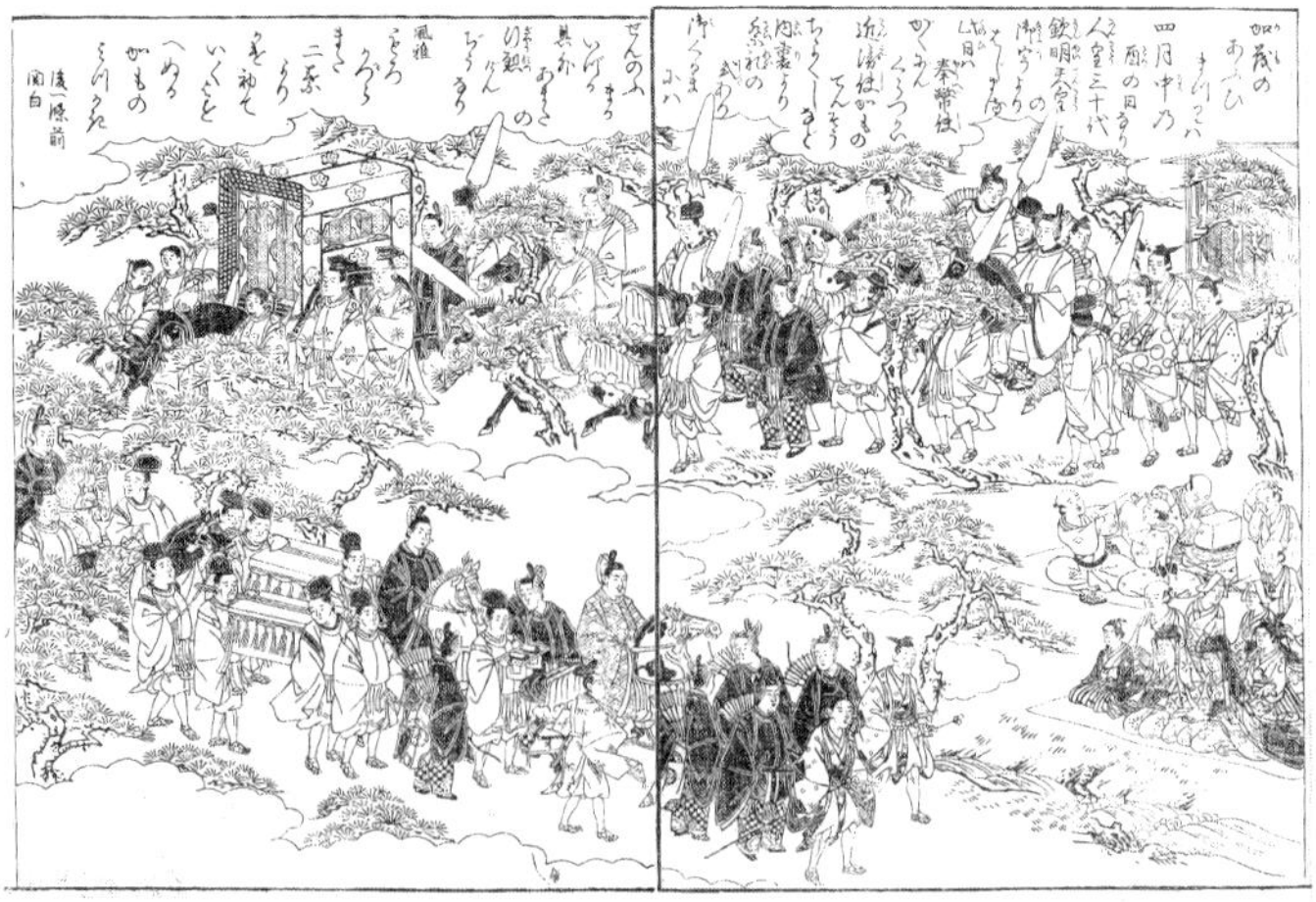

『都名所図会』に描かれた葵祭（江戸時代　国際日本文化研究センター蔵）

の名代として大切なお役目をはたす姫君のことです。

葵祭の行われる旧暦四月は、季節が夏へと移り変わる時期にあたり、宮中では一斉に衣更えが行われ几帳をはじめとする様々な調度品も夏様へとあらためられました。

上皇や天皇をはじめ外出する機会がほとんどなかった貴族の姫君たちも軽やかな夏衣に身を包んで牛車を繰り出し、御所から賀茂社へと続く絵巻物のような華麗な行列に心を躍らせたことでしょう。

葵祭りには、京の人々はいうに及ばず地方からも多くの見物客が訪れ、都は人で溢れかえったと伝えられます。

❖斎王代《さいおうだい》禊《みそぎ》の儀

かつて四月第二の酉の日に行われていた賀茂祭ですが、明治維新以降は新暦五月十五日に改められ現在に至ります。そして斎宮も鎌倉時代に廃止となり、現在は京都在住の未婚女性の中から選ばれた方が斎王代として役目を務めています。

葵桂で飾られた簾と
斎王代が乗る手輿

［五月｜皐月］

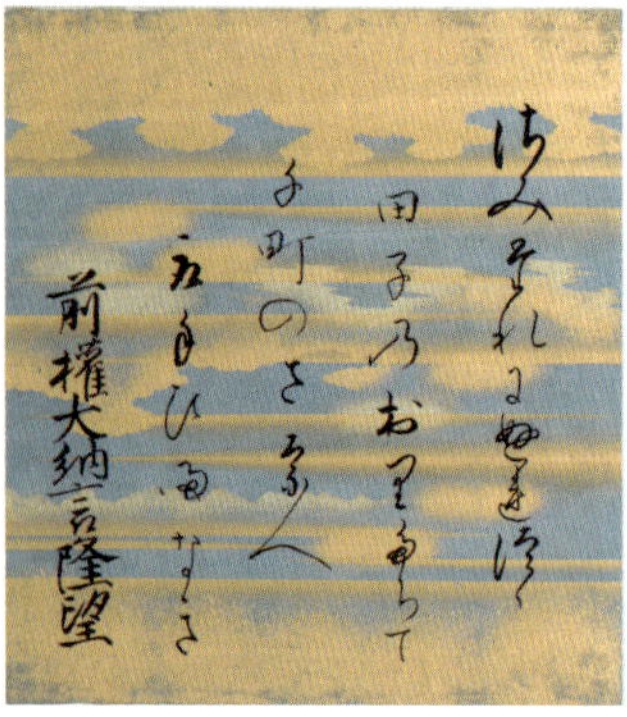

さみだれに　ぬれつゝ田子の　おりたちて
千町のさなへ　取手ひまなき
前権大納言隆望

しとしとと降り継ぐ五月雨の中、濡れながら田に降り立つ農民たちは、はるか広大な田に忙しそうに早苗を植えております。

❖田植え

旧暦五月は田植えのシーズンで、農家にとって一番忙しい月といえます。

古来より稲の豊作は女性の霊的な力によってもたらされると考えられていたため、田植えの担い手は早乙女と呼ばれる女性たちでした。

田植えの前、女性たちは魔除けの力があるという菖蒲や蓬を葺いた小屋に一晩こもる「物忌《ものい》み」を行います。これは神聖な田に入る前の禊《みそぎ》の意味合いとともに、一日中腰を曲げ泥の中で作業する農作業の重労働をみんなで乗りきるためのお祭でもあったのでしょう。

小屋の中で女性たちがくみかわす菖蒲酒には、血行促進や健胃などの薬効とともに自律神経を安定させる精神的効能もそなわっていました。

菖蒲は古代中国で仙薬とされてきた植物で、根元や茎に独特の芳香を

江戸時代の菖蒲（白菖）
（岩崎常正『本草図譜』国立国会図書館蔵）

「菖蒲臺」　酒井抱一『五節供図』より
原本・大倉集古館蔵

もっています。同じ時期に葉を伸ばす蓬も古来より薬草として名高い植物で、蓬の葉裏にある繊毛を精製したもぐさを使ったお灸や草餅の材料として用いられています。

❖端午の節供

暑さとともに湿気も増してくる五月は、陽が極まり陰を生ずる悪月とされ、古代中国では夏の疾病《しっぺい》を祓うための行事が行われました。これに習い日本でも、野に出て薬草を狩りとる薬猟《くすりがり》が行われるようになります。

平安時代初期の宮中では、武徳殿におでましになられた天皇へ医療をつかさどる役所・典薬寮《てんやくりょう》より菖蒲と蓬を載せた菖蒲輿《あやめのこし》（菖蒲臺《しょうぶだい》・菖蒲机）が献上されました。二本の柱に屋根を設えた小殿形の輿に飾られた菖蒲や蓬は、爽やかな芳香を放って空間を清め、天皇をはじめ節会に集う人々の心身を清らかに導いたのです。

また、五月五日の端午の節会に集う貴族らは、頭上の天冠に菖蒲の葉を飾った菖蒲鬘《しょうぶかずら》で宮中へと参上しました。菖蒲鬘とは冠に飾る菖蒲飾りのことで、その作り方は藤原師輔《ふじわらのもろすけ》が記した『九条殿記《くじょうどのき》』に次のように記されています。

天冠に菖蒲の葉を飾った菖蒲鬘
（「菖蒲臺」部分）

菖蒲縵ノ造法
「菖蒲にて作れる頭上の飾。其の製は、長さ九寸程の菖蒲二筋づつを、冠の巾子《こじ》の前後に當て、別に長さ一尺九寸許の菖蒲二筋を以て、其の上を巻き、前後二所づつ四所縒組《ヨリクミ》の絲にて結び付くる」

宴では近衛による騎射《うまゆみ》や競馬、雅楽寮による舞楽などが二日間にわたって執り行われ、帰りには天皇より邪気祓いの薬玉を賜りました。

この薬玉とは、古代中国において続命縷《しょくめいる》と呼ばれたもので、菖蒲と蓬の葉を編んで玉のようにし五色の糸を長く垂れ下げた縁起のものです。貴族たちは馬にまたがり薬玉を肘にかけるなどして持ち帰り、屋敷の几帳や柱に飾り魔除けや長命のお守りとしました。

中に香料を入れるようになったのは室町時代頃で、麝香《じゃこう》や沈香・丁子などの香料を収め、外側を華やかな四季の造花で彩るなど、より装飾的な室礼飾りとなっていきます。

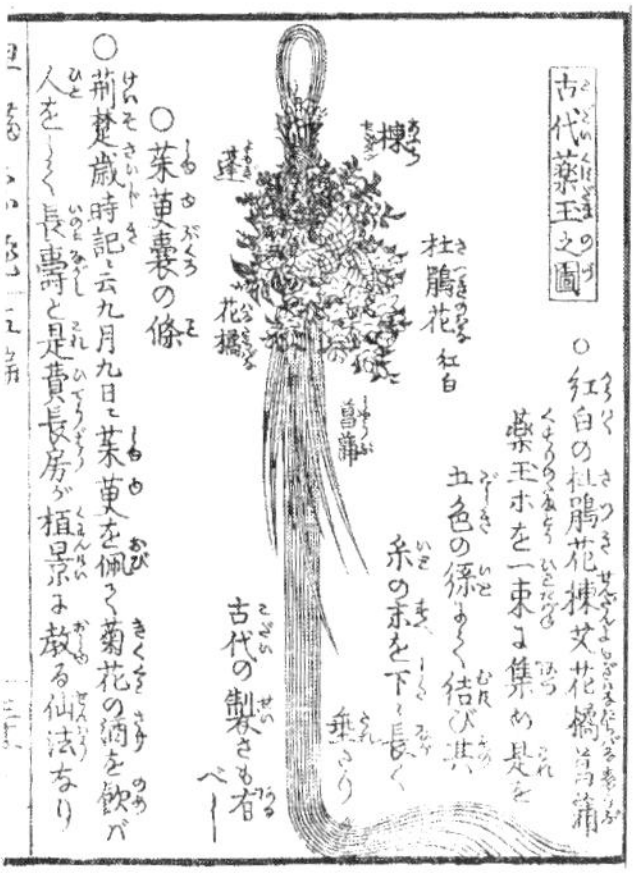

古代の薬玉
(『生花早満奈飛』江戸時代)

『賀茂葵競馬図屏風』(部分)　江戸時代　鍋島報效会蔵
古くから端午の節供に宮中で行われていた騎射、走馬の伝統を伝える上賀茂神社の競馬

［六月 水無月］

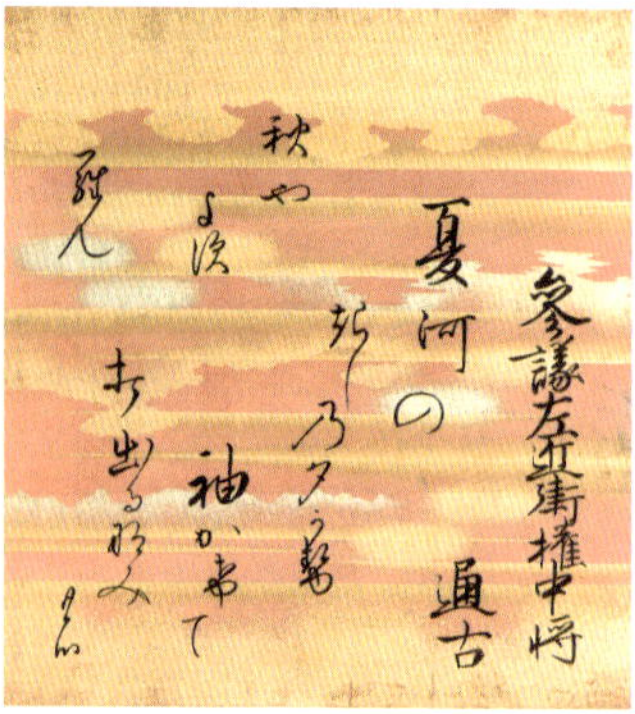

参議左近衛権中将通古

夏河の　きしの夕かせ　袖かけて
　打出るなみの　秋やよすらん

暑い盛りである夏の川岸にたたずむと、心地よい夕風が袖をふるわせ、つぎつぎと打ち出る波が秋を引き寄せるかのように感じられます。

❖川逍遙

盆地に位置する京都の夏は大変厳しく、人々は夏を無事に過ごすことで齢《よわい》を一年長らえることができると語り合いました。

「川逍遙《かわしょうよう》」とは、ぶらぶらと川辺をそぞろ歩きしながら水辺の風にあたり涼をとる習わしです。

京都は古来より水の都といわれ、豊かな水源に恵まれた都でした。北から流れる桂川、琵琶湖がうみだす宇治川、そして奈良の山々からたどりつく木津川と三つの川が流れ込みまた、京都盆地の地下には琵琶湖の三分の二に相当する地下水が蓄えられているともいわれ、各所には多くの泉や井戸がありました。

❖釣殿

平安時代の貴族の屋敷である寝殿《しんでん》造りには、そうした豊かな水を引き込んだ庭園が

『源氏物語絵巻』「常夏」（桃山〜江戸初期　国文学研究資料館蔵）

釣殿で涼をとる光源氏と、夕霧、内大臣の子息たち。その前では、桂川の鮎が調理されている。

整備され、納涼のための御殿「釣殿《つりどの》」が設けられたのです。

釣殿とは、敷地の東西に配された建物から南へと張り出すように池の上に建てられた御殿のこと。周囲を吹きさらしにした涼しいこの空間は夏の納涼や饗宴の場として使用され、時には真下にある池に釣り糸を垂らして楽しんだといわれます。

『源氏物語』「常夏」の巻の冒頭は、「いと暑き日、東の釣殿に出で給ひて涼み給ふ。中将の君も候ひ給ふ。親しき殿上人あまた候ひて、西川より奉れる鮎、近き川のいしぶしやうのもの、御前にて調じて参らす……」とはじまります。

これは、たいそう暑い夏の日に光源氏が屋敷の釣殿で親しい人々に酒宴をふるまう場面で、桂川の鮎や氷水・水飯などを食し暑さをしのぐ様子が綴られています。

❖氷室

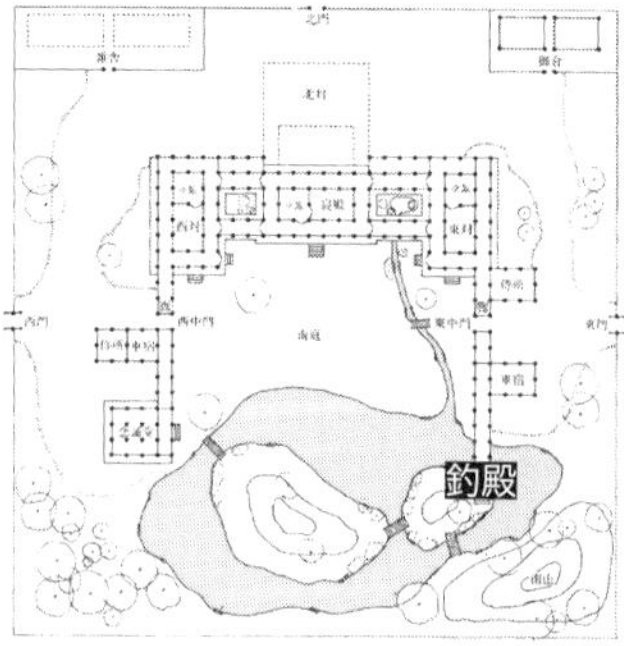

源氏物語・二条院の寝殿造り

屋敷の右側に池の上に張り出す形で釣殿が設えられている。

釣殿

平安時代、夏場の氷は貴族だけの贅沢な楽しみのひとつでした。

氷は冬にできたものを氷室《ひむろ》と呼ばれる室に貯蔵し、少しずつ取り出してもちいます。砕いた氷はお酒に浮かべたり水飯にいれたり、細かく削った氷は甘みのある甘葛《あまずら》をかけ現在のかき氷のような食べ方をしました。

氷室は、地面に深さ三メートルほどの穴を掘り、草やもみ殻を敷き詰めて断熱材としたなかに氷を貯蔵します。穴の上に日光や雨風を防ぐためのお堂を建てたという例もありました。

また、古来より旧暦六月一日には、宮中で氷室の節会《せちえ》という氷室に保存した氷を食べる行事が行われ、江戸時代にも宮中や将軍家が献上された氷を食していたという記録が残されています。

クーラーや冷蔵庫のなかった平安時代の人々は、水辺で涼む川逍遙や池の上にしつらえた釣殿、そして氷室の氷など、様々に工夫をこらし厳しい都の夏を乗り越えたのでしょう。

復元された奈良時代の氷室（天理市福住町）

［七月 文月］

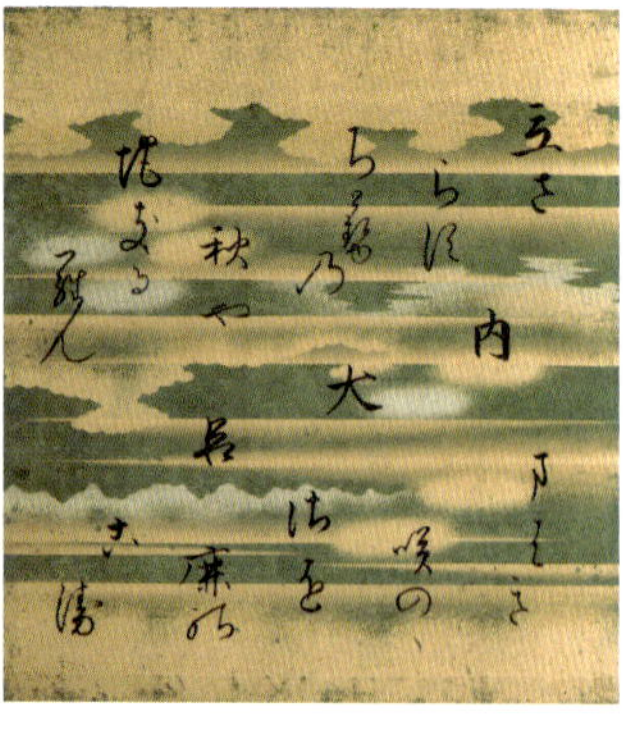

まはき咲　の丶さを鹿の　こゑ立ちさらす
ちとせの秋や　ちきるらん
内大臣

萩の花が咲きこぼれる野に分け入ると、妻をもとめ鳴く牡鹿の声が聞こえて参ります。千年も変わらぬ秋の訪れを約束するかのように。

❖鹿鳴草

旧暦七月はもう秋。陽射しもゆるみはじめ、朝夕に吹く風の涼やかさに季節の移り変わりを感じる頃でしょう。野山を彩る草花も少しずつ主役が入れ替わり、豊かな秋の百花に包まれていきます。

『万葉集』にもっとも多く登場する植物「萩」は、初秋を代表する花として日本人に愛されてきました。とりわけ鹿と萩の取り合せは男女の恋にも通じる題材として多くの歌に詠まれ、牝を求めて鳴く牡鹿の声が山に響き渡ることから別名「鹿鳴草《しかなきぐさ》」とも呼ばれたのです。

❖七夕の恋歌

七月七日の七夕祭り、夜空を眺め彦星と織姫の年に一度きりの逢瀬に心を忍ばせる方も多いことでしょう。天の川を隔てて輝く鷲座・アルタイル（牽牛星）と琴座・ベガ（織女星）の愛の物語は、古代中国のロマンあふれる星祭り伝説として語り伝えられてきました。

平安末期、戦乱の世に引き裂かれた恋の悲しさを七夕の物語に託した女性がおりました。彼女は

梶の葉

梶の葉を水に浮かべると、なんとも爽やかな趣に包まれます。美しい形をしたこの葉の裏面には、細かい毛が密にはえており、宮廷人は乞巧奠の和歌を書きつけるのに用いました。また梶という名称は、天の川を渡る船の舵《かじ》とも重なり、恋しい人への思いを無事に届けてくれる植物であると考えられたのです。

毎年七夕の夜が訪れると、愛した人のおもかげを胸に歌を詠み続けたのです。

彦星の　ゆきあひの空を　ながめても
　まつこともなき　われぞかなしき

彦星と織姫星の出会う夜空をながめながら、待ち続けても決して会えることのない我が身を悲しく思うのです。

この歌を詠んだ女性・建礼門院右京大夫《けんれいもんいんうきょうのだいぶ》は、能筆家の父と琴の名手である母、平家の和歌の指導者でもあった兄という才能溢れる家柄に生まれ、十七歳のときに後白河法皇の息子・高倉帝に嫁いだ建礼門院徳子に仕えることになりました。徳子は平清盛の娘で、時はまさしくわが世の春を謳歌する平家の時代でした。

やがて彼女は、和歌や琵琶に通じる浮世離れした若い公達・平資盛《たいらのすけもり》と知り合い恋に落ちます。しかし、資盛にはすでに正妻がいたのです。親族らの反対も彼女の耳には届かなかったのでしょう。二人は人目をしのび逢瀬《おうせ》を重ねるのでした。

一時は権力を掌握した平家でしたが、一一八一年に清盛が病死すると一門の力は急激に弱体化していきます。

後白河法皇はこの機に平家討伐を決意、木曽義仲に攻め込まれた平家は西国へと逃れていくしかありませんでした。法皇はさらに平家の追討と持ち去られた三種の神器の奪回を源頼朝に命じます。日々伝えられくる戦況は厳しくなるばかりで、愛する人を案じる右京の心は不安でかき乱されるのでした。

一一八四年「一の谷の合戦」で源義経に攻め込まれた平家は、逃げ惑った末に行き場をなくし浜辺から船に乗り込みます。そしてついに一一八五年下関「壇ノ浦の戦い」の決戦を迎えるのでした。

船上に逃れていた幼い八歳の安徳天皇は、「波の下にも都はございましょう」という祖母・二位の宮（平清盛の妻・時子）に抱きかかえられ三種の神器と共に入水、こうして平家は滅亡し右京の愛した資盛も海の藻屑となってしまうのでした。

晩年七十の齢《よわい》を重ねた右京大夫は、波乱の人生を回想し百五十首もの歌を記します。編集された『建礼門院右京大夫集』の後半には、七夕伝説になぞらえて詠んだ資盛への恋歌が五十一首おさめられており、人々の涙を誘います。

きかばやな　ふたつの星の　ものがたり
　たらひの水に　うつらましかば

お聞きしたいものです二つの星の語るのを。たらいの水に星がうつったならば。

平安時代、星空は天を仰ぎ見るものではなく盥《たらい》などに水をはり水面に映る星を観賞するものでした。そして彦星と織姫の二つの星が映ったならば、願いが成就すると言い伝えられていたのです。

思ふこと　かけどつきせぬ　梶の葉に
　けふにあひぬる　ゆゑをしらばや

恋しい思いを梶の葉にしたためても書きつくせないのです。私たちが今宵も会えないその訳を知りたくて。

引く糸の　ただ一筋に　恋こひて
　こよひあふせも　うらやまれつつ

この美しい糸のように一筋に人を愛し今宵逢うことが叶うなど、なんと羨ましいことでしょう。

恋は人をロマンチストにするものです。遥か天上の夜空に浮かぶ星のきらめきは、願いを叶えてくれると思わせるほどに神秘的に感じられたことでしょう。しかし永遠に愛する人を失ってしまった右京大夫にとっては、年に一度しか会うことのできない織姫さえも羨ましく思われたのでした。

〔八月―葉月〕

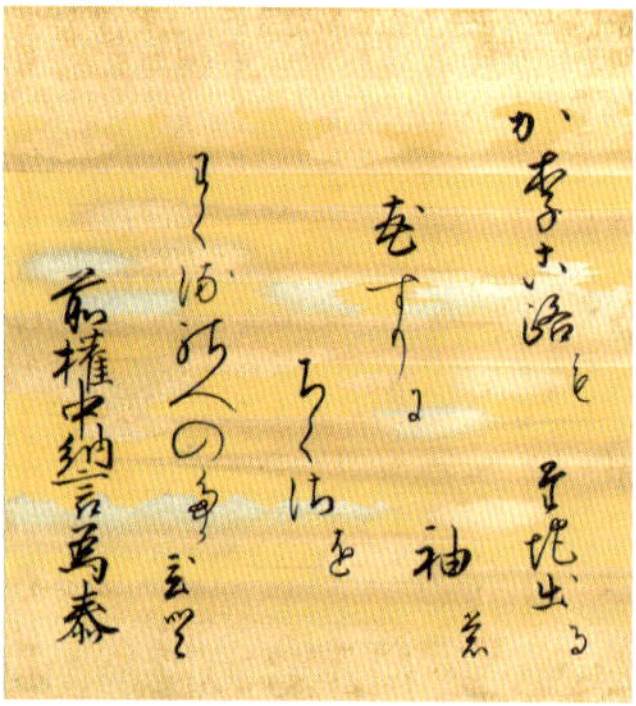

かりころも　たち出る袖も　花すりに
ちくさをわくる　のへのたか言と
前権中納言為泰

衣の袖も草花の汁で染まっていくかのようです。秋野に咲き乱れる千草の中を分入り鷹狩に興ずるうちに。

❖狩衣

公達のまとっている狩衣《かりぎぬ》とは、狩猟や旅路に着用するための衣のこと。身幅が狭く袖つけは後身にわずかに綴《とじ》付けてあるばかりなので大変に動きやすい衣として喜ばれ、やがて貴族の正装となっていきました。

野山で行われる鷹狩の歴史はたいへん古く、『日本書紀』にすでにその記述が見られ、奈良平安時代には天皇をはじめとする貴族の間で大流行しました。

一般の人々の出入りが制限された広大な禁野での鷹狩は、権威を象徴する娯楽のひとつであり、貴族たちは、薄や桔梗・女郎花など秋の千草咲き乱れる山の心地よい風に吹かれ、日がな一日鷹狩

狩衣
（『和漢三才図会』より）

『駒競行幸絵巻《こまくらべぎょうこうえまき》』（鎌倉時代　和泉市久保惣記念美術館蔵）

藤原頼道邸で、水面に映る月を眺めながら
宴を楽しむ貴族の様子が描かれています。

に興じたのです。

❖観月の宴

旧暦八月十五日は「中秋の名月」で、平安時代の宮中では月を愛でる雅な観月の宴が執り行われました。

古来より月の光には不思議な霊力がそなわっており、その光を浴びることで心身は清められ長寿を得ることができると信じられてきたのです。風流を好む貴族たちは、船首に龍の頭を彫刻した唐風の船を浮かべ、水面にゆらゆらと揺れる月を眺めながら雅楽や歌合わせに興じました。

月に寄せる思いは時代とともに高まり、平安末期には須磨や明石など郊外にまで脚を運び名月を観賞したといわれます。

❖不完全の美

「花はさかりに　月は隈なきをのみ見るものかは。……」

兼好法師『徒然草』一三七段

桜は満開の盛りの時だけが美しいのではありません。月もまた、曇りひとつなく照り冴えている姿だけが愛でる対象ではないでしょう。

日本人が古来より求めてきた美とは、果たしてどの様なものなのでしょうか。

十三世紀の乱世に生まれた兼好法師は、「完璧ではないどこか不完全な姿にこそ美は宿っている」と説きました。そして「目で直接見ることだけが素晴らしいのではなく、心の中で想像し思い描くことによってより深い情感を得られるのである」と綴っています。

夜空に真円を描き煌々と輝く満月に対し、雲間の月や光も弱まり欠けていく月の姿に、そこはかとない美を見いだした感性は日本独特のものといえるかもしれません。

完璧なことは優れていることだけれども、反面それは欠点でもあり、人の心の入りこむ余地がないともいえるのです。

本当の美しさは心の中で余白を埋めることで完成するもの、という兼好法師の新たな美の提唱は、その後の日本の美意識に大きな影響を及ぼしていくことになるのでした。

日本の美とは、見えないものに心を寄せ膨らませることができる人だけが見いだせるもの。こうした不完全の美学は、鎌倉時代に渡来した禅の精神をもってさらに昇華されていくことになります。

禅僧・夢窓国師《むそうこくし》により創案された砂と石のみの庭「枯山水庭園」は、見るものが心の中で水を感じとり補うことで完成させる「心象の庭」といえるのです。

京都・龍安寺の枯山水庭園

［九月｜長月］

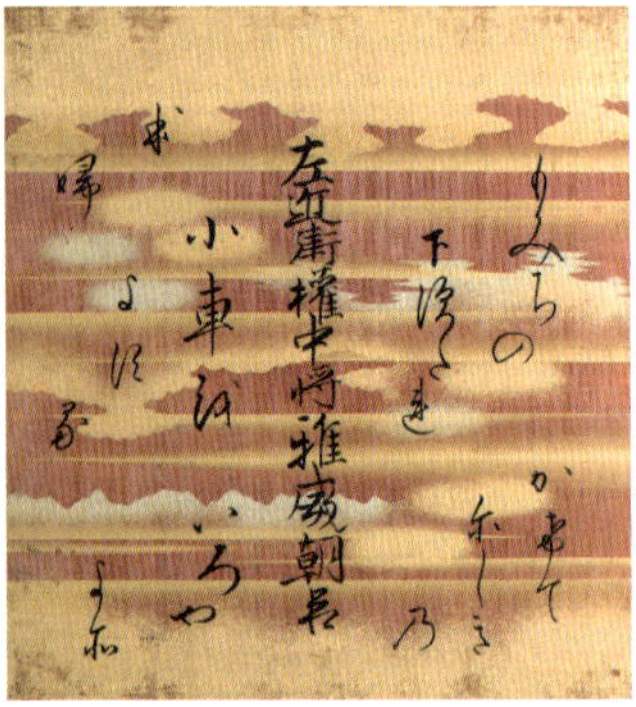

小車を　よするもみちの　下すたれ
かけてにしきの　いろやよそほふ
左近衛権中将

牛車を寄せたモミジの枝が下すだれのように覆いかぶっさっております。その様子はまるで色を装う錦の競演のようでございました。

❖茱萸嚢

古代中国に、次のような伝説が残されています。

ある日、仙人が弟子のひとりにこう告げます。

「九月九日、そなたの家に災難が訪れるであろう。しかるに、家の者に袋を縫わせて茱萸《しゅゆ》を詰め、それを肘《ひじ》にかけ高いところへと登りなさい。そこで薬効高き菊酒を服したならば、災いを逃れることができるであろう。」そして弟子が仙人の教えの通りにすると、家人の身代わりとなって家畜が死に難を逃れることができたのでした。

この逸話より九月九日になると、実のついた山《さん》茱萸《しゅゆ》の枝を頭に挿して小高い山に登り、秋風に吹かれながら菊酒を飲んで災いを払う風習が生まれます。

これが日本へと伝わり、宮中では菊花と赤い実をつけた山茱萸の造花を「あわじ結び」をほどこした美しい袋に飾った「茱萸嚢《しゅゆのう》」が作られるようになりました。このお飾りは、翌年の端午の薬玉飾りと掛け替えるまで御帳台《みちょうだい》の柱などに吊るし魔

赤い実をつけた
サンシュユ

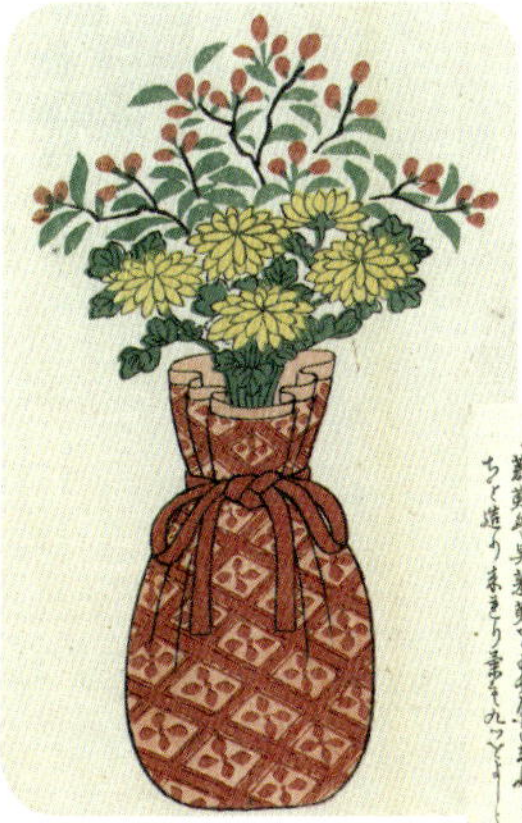

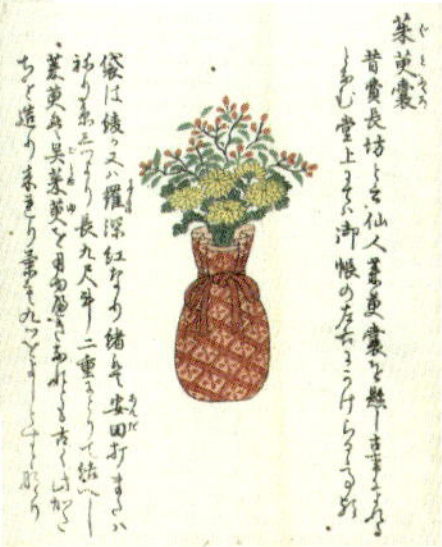

「茱萸袋」　茱萸の実・菊花
（西村知備『懸物図鏡』）

除けとされてきたのです。

グミのような赤い実を珊瑚にたとえてアキサンゴとも呼ばれる山茱萸は、江戸時代に朝鮮半島から持ち込まれたミズキ科の植物です。最初は薬用として栽培されましたが、鮮黄色の小花を樹一面に集めてつける姿が美しく、今日では庭木として植えられるようになっています。

また、茱萸嚢の中には、乾燥した呉茱萸《ごしゅゆ》の実をおさめました。

呉茱萸は、その葉が井戸に落ちると水毒を消し去ることができると伝えられるほどに薬効が高い漢方の生薬《しょうやく》で、未成熟な果実を乾燥し一年以上寝かせその毒性を弱めてから処方されます。ピリッとした独特の強い芳香には、虫を遠ざけ毒を消し去る力が秘められており、辛みが強い程に良品といわれ邪気や病い・湿気までを取り除く力がみなぎっているとされます。

中国最古の薬物書とされる『神農本草経《しんのうほんぞうきょう》』にも見られる薬草「呉茱萸」を漢方薬店から取り寄せてみました。顔をそむけるほど強い刺激を放つ生薬ですが、頭痛・嘔吐・健胃などに効果を発揮します。しかしながら、この癖の強い独特の芳香を嗅ぎ続けているとミカン科特有の柑橘系の爽やかさも感じられるようになり、人によっては癖になる香りであるかもしれません。

花をつけたゴシュユ
(『中薬大辞典』より)

ゴシュユは中国に自生する雌雄異株の落葉小高木。日本には古くに渡来しましたが、雌株のみが移入されたために雄株がなく、果実はなっても種ができないという状態です。そのため、根から生えてくる若芽を使って増やしているのです。

❖紅葉

『源氏物語』の第七帖「紅葉賀《もみじのが》」には、清涼殿で執り行われた紅葉の宴の華やかな様子が描かれています。何よりも頭中将と「青海波」を舞う若き光源氏の麗しい姿は、人々の眼を釘付けにするのでした。

青海波とは、広大な海から無限に打ち寄せる波に未来永劫へと続く幸せを表した文様で、ササン朝ペルシャで生みだされ飛鳥時代に日本へと伝来します。衣装の一部にこの吉祥文が用いられた演目「青海波」は、じつにゆったりと袖を振るわずそれは優美な雅楽の舞なのです。

秋の陽射しに照り映える紅葉のもと、この世のものとも思われぬほどに光り輝く源氏の舞姿は、帝をはじめ親王らの涙を誘うのでした。

冠に菊と紅葉を挿し、「青海波」を舞う光源氏と頭中将
(伝土佐光則『源氏物語色紙貼付屏風』部分　江戸時代)

［十月］神無月

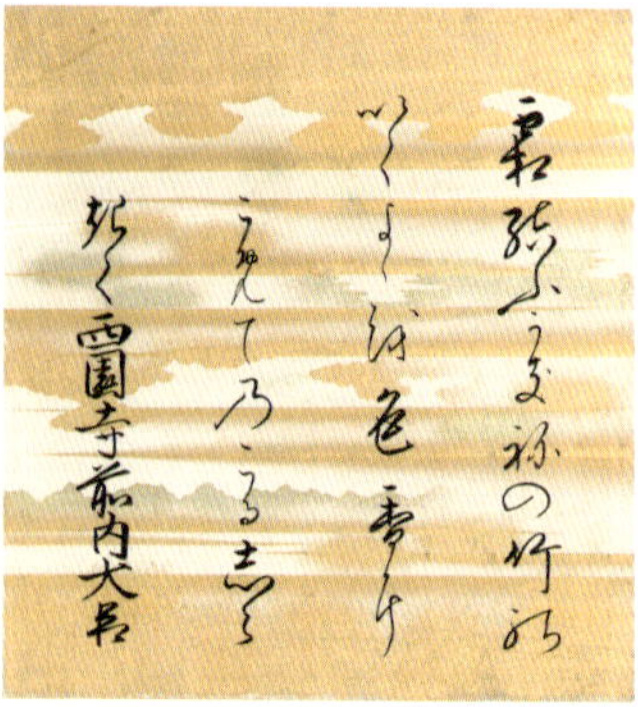

霜結ふ　かきねの竹の　いくよゝを
色香にこめて　のこるしらきく
西園寺前内大臣

霜のおりた垣根の竹に、盛りを過ぎながらも色香衰えることない白菊がひそやかに咲いております。

❖残菊の宴

重陽の節供から一カ月後の十月には「残菊《ざんぎく》の宴」が催されました。

冬の始まりとされた旧暦十月は、寒さが一段と厳しくなっていく季節になります。そうしたなか初霜にあたった菊の花弁が白から紫へと微妙に変色してゆく様は、大変趣き深い姿として珍重されたのです。

六〇三年 聖徳太子が摂政を勤めた朝廷で定められた「官位十二階《かんいじゅうにかい》」では、階級身分を明示する冠衣の色が制定され、最高位には紫根《しこん》を幾度も重ねて染めた深紫《こきむらさき》が採用されました。当時の貴族社会において紫という色は、気品・風格・優雅・なまめかしさなどあらゆる美の条件をそなえた高貴な色として羨望の対象であり大切に扱われていたのです。

秋の日を豊かに彩った花々が枯れ果て、静かな庭にひっそりと咲き残った白菊の花。

残菊の宴は盛りを過ぎてもなお香り高く咲き誇

太宰府天満宮で行われる「残菊の宴」

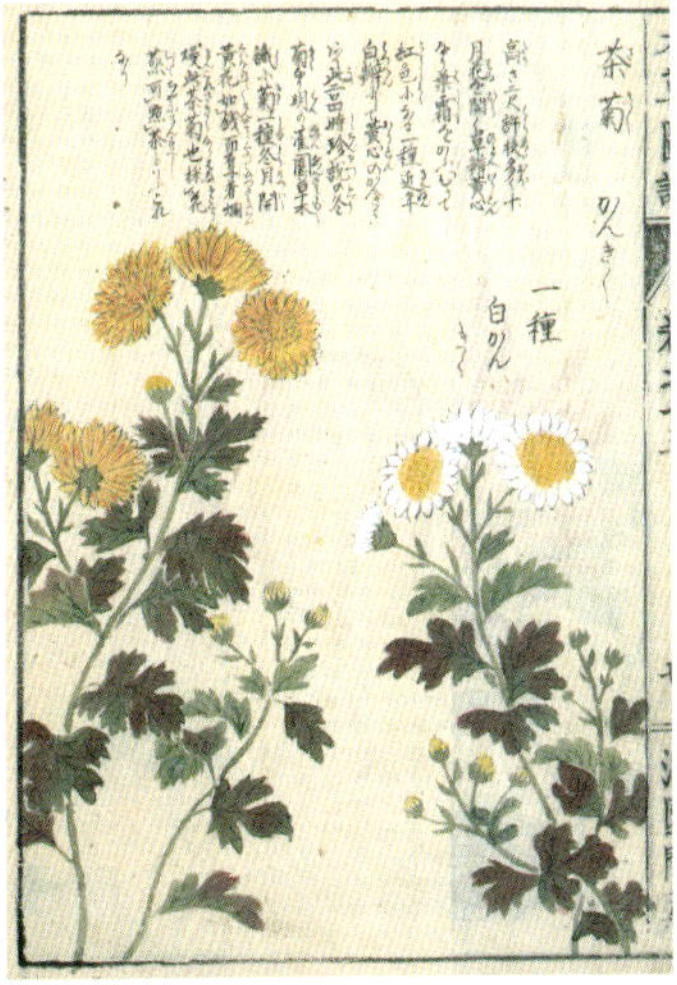

10月に咲くと記されている茶菊（寒菊）
（岩崎常正『本草図譜』江戸時代
国立国会図書館蔵）

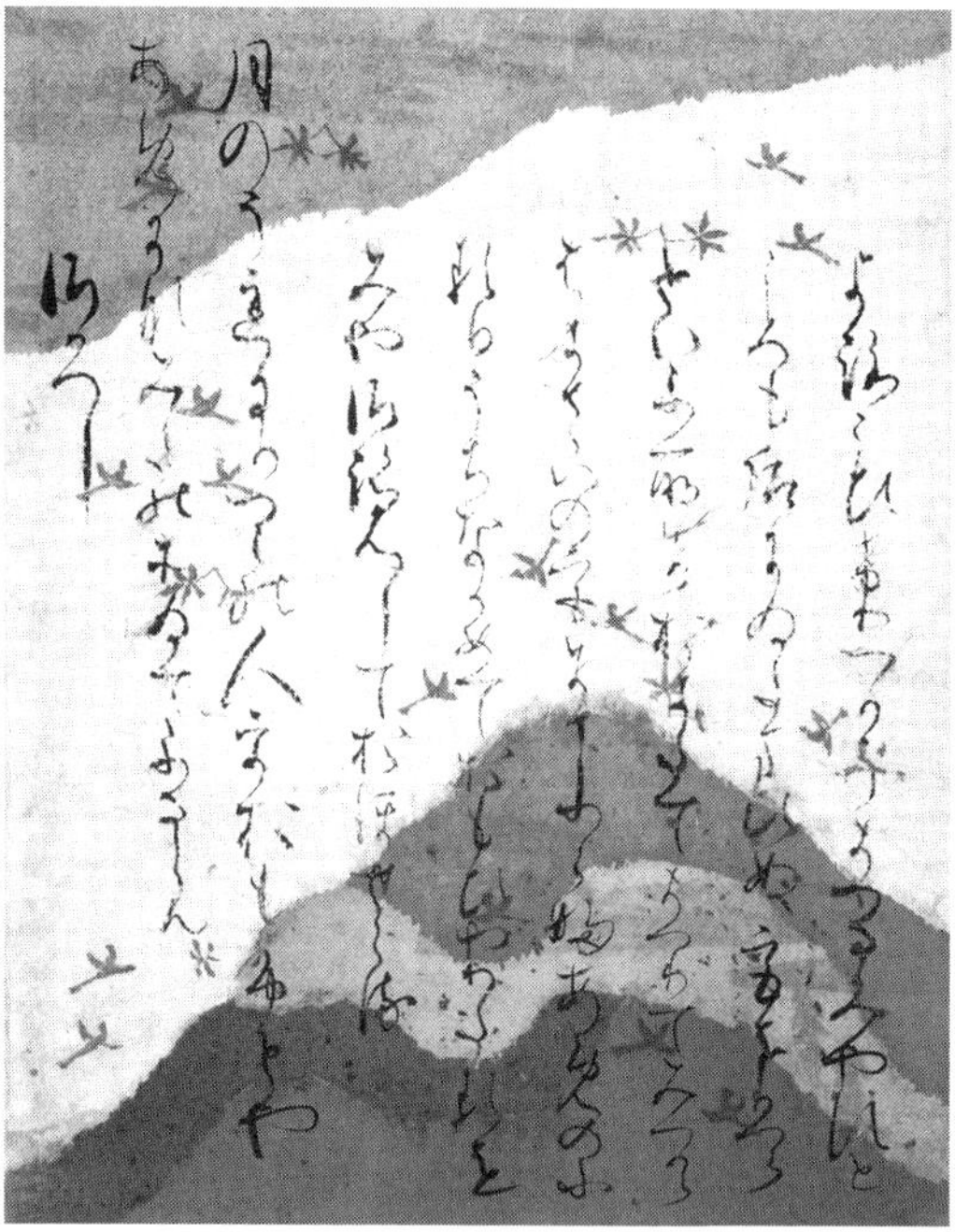

「石山切」伊勢集
（伝藤原公任　平安時代　遠山記念館蔵）

天永3（1112）年に白河法皇の六十賀に際して製作されたとされる『本願寺本三十六人家集』は、三十六歌仙の歌集をそれぞれ冊子に書いたもので、書の優美さ、工芸技術の粋を尽した料紙の華麗さなど、王朝貴族趣味をあますところなく伝える作品として知られています。「石山切」とは、この歌集の断簡で、本願寺がもとあった摂津の石山にちなんで名付けられました。

り、高貴な紫へと姿を変えた菊をたたえ催されました。

❖もののあはれ

奈良時代、中国へと盛んに遣唐船を送りだし進んだ文化を取り入れてきた日本ですが、内戦が続き衰え始めた唐の国へ命の危険を冒してまで趣くことはないのでは、という考えから遣唐使の廃止が決定します。こうして唐風一色だった様々な意識がふたたび内へと向けられるようになっていきました。

女文字・仮名の誕生、和歌や日記・物語文学の隆盛、寝殿《しんでん》造りの建物など日本的な感性が前面へと押し出された新たな文化は、時代とともに研ぎ澄まされていくことになります。

平安中期になると幾重《いくえ》にも組み合わされた美しい色彩の「襲《かさね》」という装い「十二単《じゅうにひとえ》」が誕生し、貴族女子の正装となりました。

季節の移ろいを色に変えて身にまとい、浮かび上がる情感を即座に歌にしたため、四季の移り変わりを香りに託して衣に薫き染める、こうした美意識はやがて貴族社会における大切な儀礼となっていきます。

本居宣長は、紫式部の描いた『源氏物語』の世界を「もののあはれ」という言葉で現しましたが、王朝人の根底には哀愁を帯び揺れ動く心模様を繊細にとらえる感性が溢れていたのです。

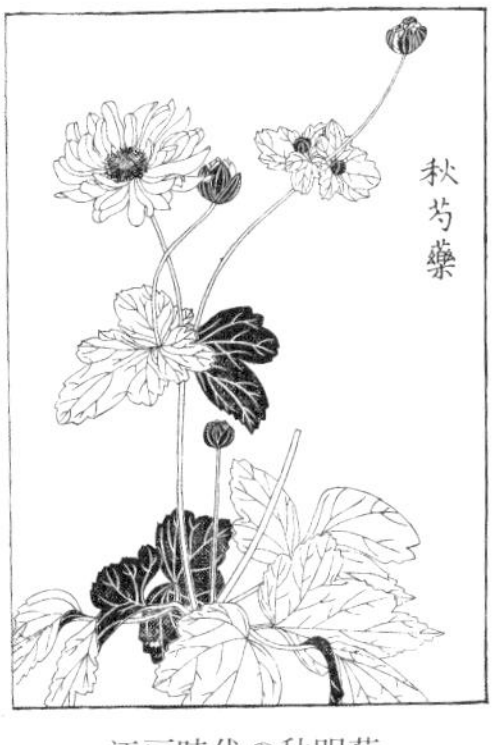

江戸時代の秋明菊
(小野蘭山『花彙』)

〔十一月　霜月〕

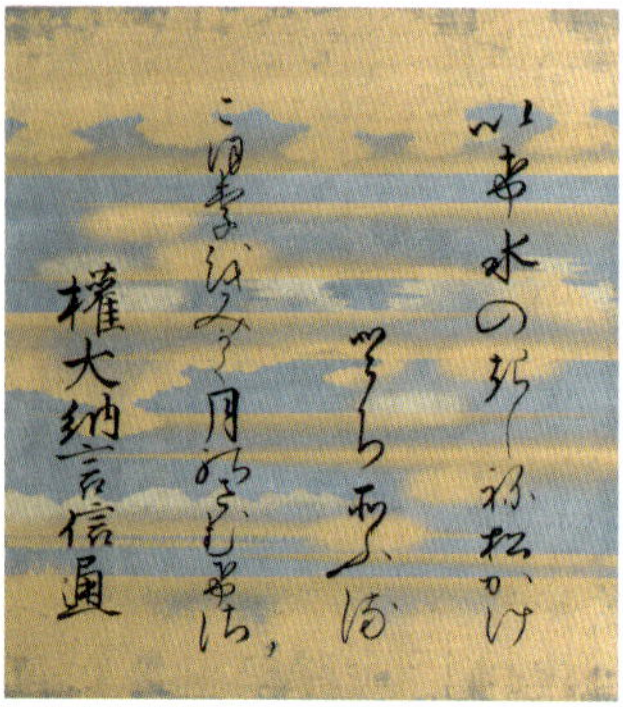

いけ水の　きしね松かけ　とちそふる
こほりをみかく　月のさむけさ
権大納言信通

池の水面に岸辺の松が影を落としております。はられた氷を磨くかのように輝く月の光は、厳しい冬の到来を予感させるものでした。

❖鎮魂祭

日本の皇室には私たちの目に触れないたくさんの儀式があり、それらはいまだ神秘のベールに包まれているといえるでしょう。

十一月二十三日に行われる「新嘗祭《にいなめさい》」は、その年に収穫された新穀を神に供え、天皇自らもはじめて口にする宮中儀式です。農耕民族である日本人にとって最も重要とされるこの祭祀の前日には、天皇の生命力を蘇生させるための「鎮魂祭《みたましずめのまつり》」が、赤々と焚かれる篝火のなか宮中の綾綺殿にて執り行われます。

かつては旧暦十一月の二度目の寅の日に行われていた鎮魂祭ですが、この日は太陽の力が最も弱くなる冬至にあたり太陽と同じように弱まり失ってしまった天皇の活力をふたたび高めるという目的をもって行われてきたのです。

「鎮魂祭」の儀式は次のように進行していきます。

伊勢市の皇大神宮別宮倭姫宮《こうたいじんぐうべつぐうやまとひめのみや》で執り行われる新嘗祭の大御饌《おおみけ》

宇気槽の儀

伏せた宇気槽《うけふね》と呼ばれる箱の上に巫女がのり、唱えごとを繰り返しながら鉾で宇気槽の底を十回撞く儀式。

この所作の起源は天岩戸《あまのいわと》神話にあります。太陽神である天照大神《あまてらすおおみかみ》が弟であるスサノウノミコトの暴挙に怒り、岩戸にお隠れになったことで地上は暗闇となってしまいました。困った神々は岩戸の前で賑やかな祭りをして大神の気を惹き、表へ引き出そうと考えます。踊りの上手なアメノウズメノミコトは宇気槽の上で鉾をもって撞き鳴らし、肌もあらわに舞い踊ります。そのあまりの賑やかさに岩戸をそっとあけた大神を力の強い神様がぐっと表へと引き出し、再び地上に太陽の光が満ちるのでした。

この神話にある天照大神の復活にあやかり、天皇の生命力を蘇生させる儀式が行われるのです。

糸結びの儀

次に、神祇官人が糸を十回結び箱に納める儀式。

古来より「結ぶ」という行為はたいへんに神聖な行いで、魂をモノに密着させることができると信じられてきました。糸を結ぶことによって新たに誕生した魂をしっかりつなぎ止める、という意味合いがあるのです。

魂振《みたまふり》の儀

女官蔵人が天皇の衣を納めた箱の蓋を開き、左右に十回振動させる儀式。

天皇の形代《かたしろ》としての御衣をゆすることで、まだ不安定な魂を覚醒させ、よりしっかりと定着させ

槽の上で舞うアメノウズメノミコト
（春斎年昌『岩戸神楽之起顕』部分　明治20年）

るという意味合いがあります。

すべての儀式の詳細は判明しておらずいまだ謎の多い鎮魂祭りですが、二千年もの長きに渡り継承されてきた儀式で、一説には物部《もののべ》氏由来の秘儀で死者をも蘇るといわれるほどの霊力をもつと伝えられています。

鎮魂とは一般に死者の霊をなぐさめる意味に使われますが、もともとは生きている人の魂を身体に鎮める儀式に使われる言葉でした。魂を振り動かし、結びつけ、鎮め置く。こうして生命を蘇生された天皇は、十一月二十三日に執り行われる重要な祭祀「新嘗祭」へといどまれるのです。暖房など一切ない極寒の中二時間近く正座する祭祀が近づくと、天皇は意識して正座の練習をなさるといわれています。

宮中と同日に行われる
天理市石上《いそのかみ》神宮の鎮魂祭

〔十二月 師走〕

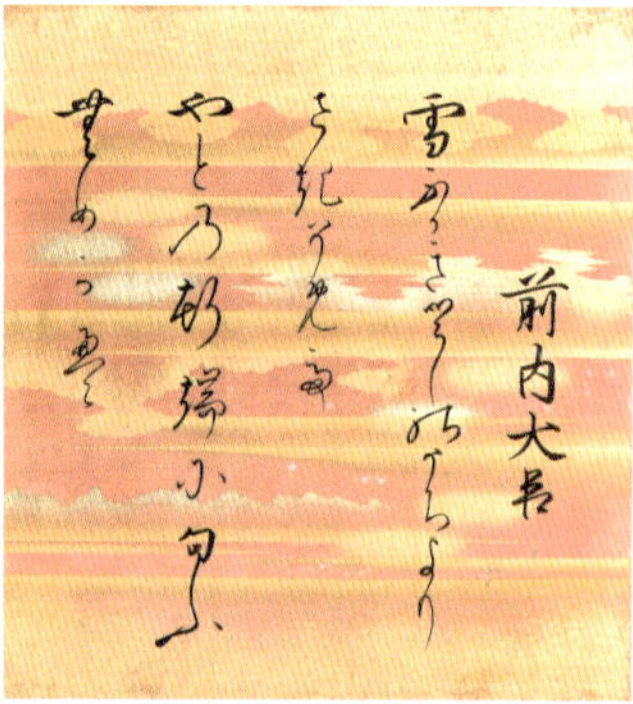

雪ふかき　としのうちより　さきそめん
　やとの軒端に　匂ふむめかえ
　　　　　　　　　　前内大臣

まだ雪深い年の内なのに、もう蕾をほころびはじめたのでしょうか。軒端から清らかな梅の香りが漂ってまいります。

❖歌に詠まれた梅の花

『万葉集』には梅を題材とした歌が一一九首残されています。その数は萩に次いで多いもので、人々が渡来したばかりのこの花にいかに注目していたかがわかります。

奈良時代、隋に代わって中国統一をはたした唐は繁栄を極め、その首都長安は国際交流の場として様々な文物にあふれていました。進んだ中国文化を積極的に取り入れ都造りまで模倣していた天平人にとって、唐の文人にことのほか愛されていた梅を愛でることは憧れのひとつであり文化人の象徴でもあったのでしょう。貴族たちは春の訪れを祝って梅の枝をかざし、花びらを浮かべた杯をかたむけながら歌を詠む、何とも風流な「梅花の宴」を頻繁に催したのです。

天平二年一月、国司や高官を招き大宰府の大伴《おおともの》旅人《たびと》邸で開催された梅花の宴では、それぞれが梅を題材に歌を詠み交わしました。『万葉集』の巻

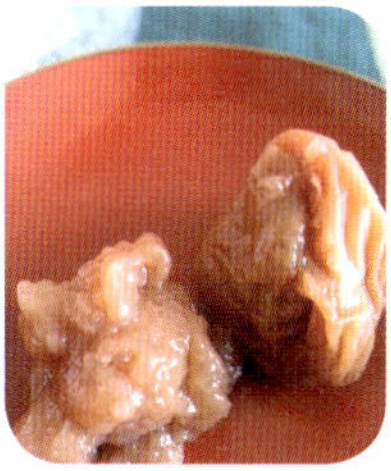

祝いの練香『結梅《むすびうめ》』

＊＊＊

〔材料〕沈香・白檀・桂皮・丁子
龍脳・麝香・蜜・梅果肉・炭粉

五には、その折に詠まれた三十二首の梅の歌が収められています。

わが苑に　梅の花散る　久方の
　天より雪の　流れ来るかも
　　　　　　　　　　大伴旅人

梅の花　今盛りなり　百鳥の
　声の恋しき　春来るらし
　　　　　　　　　　田氏肥人《でんしのうまひと》

梅に心惹かれる公家たちは、やがて各々の庭に梅の木を植え身近で観賞をするようになっていきます。奈良時代は白梅が主流でしたが、平安時代に入ると香りの強い品種やあでやかな紅梅が珍重されるようになっていきました。

輝きを増していく春の陽射しの中、少女の頬のように愛らしく染まった紅梅は人々の心をさらに華やいだものへと導いたことでしょう。

清少納言は枕草子に、「梅の花はうす色でも濃い花でもとにかく紅い花……」との言葉を残していますが、季節を色に染め上げ衣として身にまとっていた宮廷の女性たちにとって、少し青味がかったやさしい紅梅色はこのうえなく優雅な早春の色として愛すべき花だったのでしょう。

❖祝いの練香『結梅』

春の訪れとともに清らかな香りをはなち開花した梅の花も、やがて小さな青い実を結びます。この度は初夏の茶会にむけ、人々の良きご縁の積み重ねを祈願し「結梅《むすびうめ》」と命名した練香をつくりましょう。

沈香・白檀・桂皮など七種の微粉末にした香料と、ていねいに裏ごしした梅の果肉を合わせ蜜を加えて練り上げます。その香りはしっとりと低く流れ漂う練香の生ものゆえの雅な芳香に梅の爽やかさが加味され、この季節にふさわしいものとなりました。

平安時代の貴族たちは、練香の基本の処方に微妙な匙加減をくわえて独自の香作りにはげみました。移りゆく季節をとらえるため、梅の花のわずかな蕊《しべ》を集めてみたり、梅の香の移った雪を足してみたり、また梅干の果肉をていねいに漉して加えるなどして季節の趣を香へと取り込んでその風雅を楽しんでいたのです。

江戸時代の梅花
（松岡玄達『怡顔斎梅品』）

［宮中の薫香］

香道研究家・林煌純先生のお話

宮中における香の歴史に詳しい香道研究家・林煌純《はやしきすみ》先生にお話しいただきましょう。先生は千有余年にわたり練香の秘伝を伝えている旧家にて研磨を重ね、香道が確立された室町以前の薫香の哲学を学びその精神を継承しておられます。平成二十年「源氏物語千年紀」に際しては、国立能楽堂の能舞台で初の試みとなる香莚《こうえん》(香席)を行われ、また和歌の披講《ひこう》にも通じておられます。

＊＊＊

【平安王朝の香り文化】

平安時代、これまで宗教儀礼として炷かれていた香木が王朝の雅な遊戯《ゆげ》として鑑賞され、やがて薫物合《たきものあわせ》が行われるようになりました。香は『源氏物語』をはじめとする平安文学にもしばしば登場し、その薫香調合法を知ることが当時の貴族の教養の証でもあり、各々の薫物の優劣を競ったものでした。薫物は、梅花・荷葉・落葉・侍従・菊花・黒方の六種であるが、分量、製作法は調整者により微妙に異なっていました。原料としては、沈香・白檀・貝甲香・麝香・丁子・安息香などの香薬があり、さらに蜜・梅肉を混ぜて練り合わせて作られますが、この薫物の配合の秘法を伝えたのが、唐僧・鑑真和上《がんじんわじょう》といわれています。

世界最古の小説・紫式部の『源氏物語』を見ますと、平安期の王朝生活の中で香が上流階級の重要な教養として扱われていたことが分かります。当時の香といえば練香《ねりこう》をさしますが、空薫物《そらたきもの》(室内で炷く香)は貴族の暮らしの嗜みであり、髪や着物に焚きしめ文《ふみ》に漂わせる香気は教養の高さのバロメーターでもありました。

焚きしめられた香りが風によって運び伝えられる様子は「追風《おいかぜ》」と呼ばれ、その心遣いを「追《おい》風用意《かぜようい》」といい、人が通ったあとに漂う仄かな香りが細やかな心遣いとされました。また、その人独自の調合の香りは、その人の人となりを語り面影を残し忘れがたくさせる演出にもなったのです。

名香の香りなど匂い満ちたるに君の御追風いと殊なれば……

『源氏物語』若紫

【平安朝薫香名人】

当時の香名人の多くは男性が多かったようですが、その中でも女性の香名人として知られたのが東三條院詮子《ひがしさんじょういんあきこ》と山田尼《やまだのあま》の二人でありました。

東三條院詮子は、円融天皇の女御《にょうご》で一條天皇の生母（国母《こくも》）として当時の宮廷に絶大な影響力のあった女性であり、『源氏物語』の明石の姫君のモデルともいわれています。

一方、山田尼は、因幡権守致貞の娘で、小一條院皇后に仕え、後に後拾遺集の作者のひとりとして知れ渡ることとなります。山田尼は、「六種《むくさ》の薫物《たきもの》」の一つである「荷葉《かよう》」の調整者として知られ、その言葉には、「はちす（蓮）の花の香とぞゆうなる一剤を水にわかちて合する」とあり、この中の蓮の花の香とは安息香のことではないかといわれています。

わたくしは、後に山田尼の末裔といわれる方より様々な調合法はもちろん、王朝人が大切にしてきた雅の世界の表現法についても薫陶を受ける機会に恵まれることとなりました。

江戸時代の枝垂れ桜
（小野蘭山『花彙』）

III

お香の原料

一、薫物・匂い袋に使用される香料

これからご紹介する香料は、すべてが私たちの住む地球という星から誕生した天然の香料です。人間は多くの香りある物質の中から特にこれらを選び出し、医術・薫香・香辛料など人が生き延びるためまた、生活を豊かにするために活用してきました。

当時の香料は、その多くがインド・東南アジアなどの熱帯地域に産するもの、ゆえにすべてが入手困難でたいへん高価なものだったのです。僧侶や貴族などごく限られた人々しか接することができなかった香料を、現代に生きる私たちは誰もが手にすることができます。しかし、自然が破壊されひとたび争いが起こってしまえば、これらはまたたくまに過去のものとなってしまうことでしょう。ひとつひとつを手にする前に少しだけ、平和であることの幸せや大切さに思いを馳せてみることも必要かもしれません。

中国や朝鮮を経由して日本へと伝えられた様々な香料。聖徳太子の生きた飛鳥時代、それらは渡来したばかりの教え仏教の特別な儀式のためにのみ使用されるたいへん貴重なものでした。その後、奈良時代に入ると唐の高僧・鑑真和上によって数種の香料を調合してつくる薫物（練り香）の処方が伝えられます。いままでに嗅いだこともない優雅な芳香は、宮廷人の心を一瞬にしてとりこにしてしまうのでした。

それでは薫物や匂い袋などに使われる、代表的な十一種の香料を見ていくことにしましょう。

(1) 白檀《ビャクダン》【樹幹】

私たちにもっとも馴染みのある香木「白檀」は、インドを代表する香料で、とくにマイソール産の「老山白檀《ろうざんびゃくだん》」は、最高級品として扱われています。白檀は、ほとんどの香の主原料となり幹だけでなく枝や根も使用されますが、樹木の芯部ほど良質で官能的な芳香を放ちます。

また、白檀には心を落ち着かせる重さとまとわりつくような甘さがそなわっており、古来より神聖な香木としてあがめられ、その材で仏像や調度品なども制作されました。

半寄生植物である白檀は、人工的な栽培に年月が必要なこともあって年々入手が難しくなり、近年では伐採・輸出などに規制がかかっているため価格は何倍にも高騰しています。

(2) 桂皮《ケイヒ》【樹皮】

クスノキ科常緑高木の樹皮の部分を乾燥させたもので、ベトナム産桂皮は主成分であるシンナムアルデヒドの含有量が多く品質が良いとされています。

肉桂・ニッキともいわれる桂皮は、ピリッとした刺激のある甘さが特徴で、その芳香は東洋はじめヨーロッパなど世界中で愛され、香料・生薬・香辛料と多岐に渡り用いられています。

(3) 甘松《カンショウ》【茎・根】

ヒマラヤ高地や中国・インドに産するオミナエシ科の植物を乾燥させたもの。

燻したようなクセとともに辛味と甘みを感じさせる独特な芳香をもち合わせていますが、他の香料と合わせることで厚みを増し、より複雑な芳香に仕上げることが出来ます。

新約聖書には、最後の晩餐を迎えたキリストの脚に、過去を悔い改めたマグダラのマリアが高価なナルドの香油を塗り、自らの髪でぬぐうという場面が記されています。このナルドとはスパイクナルドと呼ばれた聖なる薫香で、甘松香のことであると推測されています。

(4) 丁子《チョウジ》【蕾】

インドネシア・モルッカ諸島原産の丁香樹の花蕾を摘み取り乾燥させたもので、現在はアフリカ東部およびマダガスカルなどで栽培されています。

コショウと並ぶ代表的な香辛料でもあり、ヨーロッパの肉魚料理やインドのカレーのほか菓子やアルコール類の風味付けにも用いられます。

この香辛料を求めて大航海時代が始まったことは有名ですが、丁子には非常に高い抗菌・防腐効果もそなわっているのです。古代中国において、皇帝に謁見する臣下は丁子を口に含み、息を清め香ばしくすることが習いでした。

(5) カッ香【葉】

マレーシアなど南アジア原産のシソ科の多年生植

（1）白檀

（2）桂皮

（3）甘松

（4）丁子

（5）カッ香

（6）貝香

（7）龍脳

（8）訶梨勒

（9）大茴香

（10）排草香

（11）木香

物です。別名パチューリと呼ばれ強いクセと独特の香りを持っていますが、不思議なことに慣れるにつれ恋しくも感じられてくる魅惑的な芳香といえるでしょう。

十九世紀ころインドのカシミヤ製ショールをヨーロッパへと輸出するとき、大切なショールを虫食いから守るためカッ香の匂いをしみこませた箱を用い、その枝を忍ばせて船積みをしました。カッ香には強力な防虫効果があり、運搬中に発生する蛾の幼虫の虫食いを抑えることができたのです。はたしてインドのオリエンタルな香りをまとったショールは、西洋において爆発的な人気を博したのでした。

（6）貝香《カイコウ》【貝蓋】

バイ貝の一種である巻貝の蓋の部分を砕いたもので、熱を加えた時に発するその独特の芳香は付着する蛋白質が燃える匂いで、練り香の保香材として重要な役割を果たしてきました。古来は中国南海産のものが主でしたが、現在は南アフリカ・モザンビークのものが中心となります。

（7）龍脳《リュウノウ》【樹脂】

インドネシア原産の龍脳木から採取される白い鱗片状の結晶で、すっと脳を抜けていくかのような清涼感あふれる香気を放ちます。

発見当時の天然龍脳は極わずかであったため香料というよりも王侯貴族の高貴な秘薬という存在でした。やがて人工的に結晶を取り出す製法が伝わると、中国へと渡り宮廷で用いられる墨に練り込まれるようになります。墨をすると立ち昇る妙香は龍脳にあったのですね。日本では、マルコ山古墳の草壁皇子の遺骨からも出土しており千五百年前すでに渡来していたことがわかっています。

（8）訶梨勒《カリロク》【実】

中国・インドシナ・マレー半島に産するシクンシ科の落葉高木で、果実は褐色の卵型をしています。その昔は薬用として大変に有効な幻の果実として珍重され、香りの高さから香料としても用いられました。

室町時代、日本ではこの実をかたどった「訶梨勒《かりろく》」という掛香が作られるようになり、邪気を祓う魔よけの意味合いをもって飾られました。

(9) 大茴香《ダイウイキョウ》【実】

中国南部やインドシナなどのごく限られた地域に生育するモクレン科の常緑樹の果実で、星型の姿から八角茴香（別名スターアニス）ともいわれます。成分はアネトールで、セリ科のウイキョウの種子（茴香・小茴香）と同様の芳香をもっています。

中華料理では、豚の角煮に使用されることで有名ですが、野性味溢れる頑《がん》とした芳香が特徴で、近年ではインフルエンザ治療薬タミフルの原料として有名です。

(10) 排草香《ハイソウコウ》【根】

中国を原産とするサクラソウ科の植物の茎や根を乾燥させたもの。

大地を思わせる野性的な芳香ながら、すっとしたクールで心地よい香りを抱いています。

細い根がからみあう土混じりの排草香をほぐしていくと、鼻に抜ける爽やかな香りがたちのぼり、大地の下にこんなにも香ばしい芳香が隠されていたことに驚くことでしょう。

(11) 木香《モッコウ》【根】

キク科植物モッコウの根で芳香性の薬物植物です。日本では古来より薫香用のほか生薬としても用いられてきました。肩こりや高血圧のほか婦人系の病に効果があります。

よく似た青木香《ショウモッコウ》はウマノスズクサ科の根で、やはり薫香や生薬に使われるため混同されやすいので注意が必要でしょう。

以上ご紹介した十一種の香料の中には、決して心地よい香りといえないものも多々あります。しかし、それらの香料も他の素材と合わさることによってじつに奥行きある香りの世界を作り出すことが出来るのです。

人間界においても、あまりに強いクセのある人物は時として困りものですが、良識的な正しき人のみでは単一の考えしか生まれないともいえるでしょう。多彩な人物が加わることで思いもかけない発想が生まれることもあるのです。香料の調合とは、様々な人が調和をとって暮らす人間社会とどこか似ているのかもしれません。

二、王朝貴族が愛した練香――六種の薫物

平安時代、香りに用いられたのは様々な香料を粉末にして練り合わせた「練香《ねりこう》」と呼ばれるお香でした。その処方を伝えたのは、唐の高僧・鑑真和上だったといわれていますが、中国では六世紀頃より薬として練った丸薬が製作されていましたので、そうしたものがやがて原料の酷似した練香へと発展していったのでしょう。平安時代、この練香という処方が優雅な生活を営んでいた貴族たちの心をとらえ香りの主流となっていきます。

練香の香りは六種に分類され、それらは「六種《むくさ》の薫物《たきもの》」と呼ばれました。当初その調合率や製法は各家の秘伝として受け継がれる門外不出のものでしたが、十二世紀末になると『薫集類抄《くんしゅうるいしょう》』という書物によって公開され名家の処方があきらかになります。人々はこれを基本とし、その比率に微妙な匙加減を加えて独自の薫物作りに励むようになるのでした。

太政大臣三条実美公から宮中御料として伝わった香の秘方は、一八七七（明治十）年に香老舗・鳩居堂へと伝授されました。鳩居堂では今もなお当時のままに由緒ある名香が製作されています。

薫物の中で最も重要とされたのは、移り行く季節を表現することでした。当時の人々は何よりも四季を意識しました、折々の心模様に沿った練香を選択し薫きしめたのです。

【六種の薫物】

春の香「梅香《ばいか》」　梅の花になぞらえた華やかな匂い
夏の香「荷葉《かよう》」　蓮の花になぞらえた涼しい匂い
秋の香「菊花《きっか》」　菊の花に似た匂い
冬の香「落葉《おちば》」　木の葉の散る頃のあわれの匂い

その他に季節を問わないもう二種の処方が加わり六種となります。

「黒方《くろほう》」　身にしみわたる香り

「侍従《じじゅう》」秋風が吹くように、もののあわれを感じさせる香り

現在茶道の世界では、風炉の季節（五～十月）には沈香や白檀片を、炉の季節（十一～四月）には練香を主に薫きます。これは炭手前（炭を加え整えること）によって席中に流れる灰や炭の匂いを清めるという意味合いがありますが、茶席に漂う香の香りはじつに心地良いもので一瞬にして心を新たへと導いてくれるのです。

初夏から初秋に薫かれる白檀は熱をもつ身体を鎮め、晩秋から春先に薫かれる練香は、そのしっとりとした芳香で集う人々を雅な世界へと誘うのです。

❖練香の主原料と製法

練香の主材料は、沈香と呼ばれる香木でした。練香は沈香に丁子を加えることを基本とし、保香材としての貝香・麝香を調合、さらに甘松・薫陸・白檀・鬱金・安息香・カッ香などを加えることによって香りに微妙な変化を生み出します。

平安時代、渡来品である香料は、原型の状態で渡っ

香名（薫物の名）	制作者	沈香	薫陸	安息香	簷糖香	白檀	丁子	甘松香	霍香	甲香	麝香	鬱金	計
梅花	閑院左大臣	8.5	0.25		0.37	0.62	2.5	0.25		3.5	0.5		16.49
荷葉	無名人	7.5		0.25		0.12	2.5	0.25	0.42	2.5		0.5	14.04
菊花	無名人	4.0	0.25				2.0	0.25		1.5	0.5		8.5
落葉	無名人	4.0	0.25				2.0	0.25		1.5	0.5		8.5
黒方	承和秘法	4.0	0.25			0.25	2.0			1.5	0.5		8.5
侍従	賀陽宮	4.0					2.0	0.25		1.0		0.25	7.5

平安後期の『薫集類抄』に見られる「六種の薫物」の調合例
（単位は両。山田憲太郎『香料』〔法政大学出版局〕をもとに作成）

てきたのでそれぞれに手の込んだ下処理が必要でした。山田憲太郎博士は、その著書『香料』で貝香の扱い方を次のように記しています。

「甲香のあぶり方。酒あるいは酢に一夜つけて、よく洗い、火であぶり、ついで粉末とする……」甲香とは貝香のことです。バイ貝の一種である巻貝の蓋の部分を砕いたこの香料は、その昔中国南海地域よりもたらされました。貝香はまず酒もしくは酢に一晩漬けたのちに綺麗に汚れを取り除き、適切な火加減で煎ります。次に搗《つ》き臼《うす》などを用いて二千から五千回ほど粉になるまで砕き、最終的に羅《ら》という薄い絹の織物でふるいにかけるのです。

香料本来の芳香を壊さずに粉末状にするには、高度な知識とともに大変繊細な作業がともないました。洗浄の仕方やあぶり方ひとつで、その香りは台無しになってしまうのです。

こうしてふさわしい下処理がなされた香料は、微妙な匙加減で調合され、つなぎとなる甘葛《あまずら》や梅肉な

釣り釜　市川邸茶室

3月の茶席では、天井から鎖で吊るした「釣り釜」を用いた点前を楽しみます。寒さが緩みはじめ春の気配が漂う弥生月になると、暖もかねた炭が熱くも感じられることから、小さめの釜をかけ炭も細いものを使用します。炎によってゆらゆらと揺れる釣り釜の様子は、陽炎《かげろう》や春風にもたとえられ大変趣深い景色といえるでしょう。

どが加えられます。よく練り合わされた香料の塊は、一センチほどの丸薬状にまるめた後に壺に収め、その壺は川や池の近くなど湿気のある地中に埋められ熟成期間を経てようやく練香が完成するのです。

練香とは、半生状の湿り気を帯びたお香です。それゆえに他の乾燥したお香とは違いすーっと立ち昇っていくのではなく室内を低く流れるように漂うのです。

様々な香の種類があるなかで私が何よりも練香に心惹かれるその由縁は、しっとりと肌にまとわりつくかのように漂う香りの行方にあるのかもしれません。

三、香木の分類——六国五味

平安時代、権力の中心はひとにぎりの宮廷貴族たちでした。優雅な生活を営んでいた彼らは、唐より伝わった練香を香りの主流としその雅な芳香を楽しんでいたのです。

やがて貴族社会から鎌倉・室町と武士が主導権を握る時代へと移り変わると、力を失った朝廷貴族にはもう薫物を楽しむ余裕はありませんでした。代わって勢力を把握した武士たちは、一木の香を焚きその幽玄な芳香に酔いしれたのです。

当時、農業の生産力が向上したこともあり経済力を強めていった日本は、ふたたび大陸との交易を盛んに行うようになりました。そうした中、さまざまな文物と共に上質な香木もたくさん入ってくるようになったのです。沈香の何物にも代えがたい芳香は、権力闘争に明け暮れる武士たちの心に特別な意味を持って受け入れられていくことになったのです。

室町幕府八代将軍・足利義政は、佐々木道誉から受け継いだ膨大な香木一七七種を三条西実隆と志野宗信らに命じて体系化させます。そうして完成した香木の分類法「六国五味《りっこくごみ》」は、香木を産地と味覚の表現で選別するという画期的なものとなりました。

さらに義政は遊戯

香木　銘家に伝来する伽羅４点と老山白檀（手前）

的な要素の濃かった香の世界に一定の作法を取り決め、日常を離れた静寂の世界にひたる芸道「香道」へと引き上げていきます。こうして中世の武士により築かれた新たな文化は、禅の精神をもって侘び寂びの度合いを増していくことになるのです。

香木は、その産地（六国《りっこく》）と香りを聞いた時の印象を味覚（五味《ごみ》）に転じた表現で分類されています。そして、これら五味全ての特徴をもつ最高品位の香木のことを「伽羅」と呼び特に珍重されています。

【六国】

伽羅《きゃら》　これのみ地名でなくインドで芳香の意
羅国《らこく》　シャム国
真南賀《まなか》　マレー半島マラッカ港
真南蛮《まなばん》　インド東岸マラバル
寸門多羅《すもたら》　南洋スマトラ
佐曽羅《さそら》　南洋ソーロー又はインドのサッソール

【五味】

甘《かん》　あまい（蜂蜜のような甘さ）
酸《さん》　すっぱい（梅の酸味）
辛《しん》　からい（丁子の辛さ）
鹹《かん》　塩辛い（汗、手拭いの匂い）
苦《く》　にがい（黄蘗の苦味）

＊黄蘗《おうばく》（キハダ）＝秋に実を熟すミカン科の植物で、樹皮の内側が黄色く苦味があり、健胃のための生薬や染色として用いられています。

四、魅惑の動物性香料

香りの芸術家といわれる調香師《パフューマー》は、数千種にもおよぶ天然そして合成の香料をかぎ分ける訓練をつみ、様々な香りをイメージとともに脳裏に記憶させます。そうした多くの香りの領域の中で、異彩を放つ存在が動物性香料でしょう。

「セクシーで暖かく人の肌から発散される香りにも似ている」と表現されるこの香りは、人間の感じる不快と心地良さとの微妙な狭間《はざま》にあり、私たちの意識を捕らえて放さない魅惑的な香りといえるのです。

現在、香料として流通している天然の動物性香料は、以下の四種にとどまります。

・ムスク（麝香《じゃこう》）

・シベット（霊猫香《れいびょうこう》）
・アンバーグリス（龍涎香《りゅうぜんこう》）
・カストリウム（海狸香《かいりこう》）

これらは動物の生殖活動に深いかかわりを持つ分泌物や体内にできた結石と思われるもので、そのままの状態では強烈な悪臭を放ちますが、乾燥させることでセクシャルな香りを発し、アルコールなどで極々薄め他の香料と調合することで人々を魅了する深く暖かい芳香へと変化させることができるのです。

　また、香りを長持ちさせる保留剤としての効果も素晴らしく、調香にはなくてはならない存在といえるでしょう。

　それでは、それぞれの香りの詳細をみていくことにしましょう。

❖麝香のセクシーなる香り

　アニマルベースの代表ともいえるこの香りは、中国やヒマラヤ山脈などに生息する麝香鹿《じゃこうじか》の香嚢《こうのう》（ムスクポッド）から得られます。

　その白粉のようにも感じられる香りは、香水のラストノートに感じるフレグランスといえば多くの方が思い出されるのではないでしょうか。動物性の香料は非常に持続力が長いので、香水などの残り香に感じることができるのです。

　交尾期を迎えたオスはおへその下あたりにある香嚢から鼻に付くよう強烈なフェロモンを発散してメスを誘います。そのクルミ大の嚢を切り取り乾燥させると内部の分泌物は顆粒状へと変化し、そのままの状態では我慢できないほどの強烈な悪臭を放つものですが、一万分の一ほどに極々薄く希釈することによって植物からは決して得られない魔性的芳香へと変わるのです。

　誘惑的なこのアニマルベースの香りは、性をタブー視しなかった古代アラビアの人々の間で大変にもてはやされました。発汗や強壮の秘薬また、焚香や化粧料、飲食の香りつけなど様々な用途に用いられ、『千一夜物語』にも登場しシャーベットの語源ともなったシャルバートのように、麝香や薔薇

ジャコウジカ

水で香りつけされた甘い飲み物などがイスラム圏の国々では広く流行していたようです。

　麝香鹿はその貴重性から乱獲され激減してしまいました。現在はワシントン条約で保護されており、採集できるのは自然死した鹿の麝香のみです。近年、人工飼育が始まり殺さずに香料を採取できるようになったともいわれます。また、科学者による香りの分析が進み天然に劣ることの無い合成のムスクが開発されていますので、香水業界でも動物を傷つけることのない合成ムスクを使用するようになりました。

　あの鼻が曲がるほどの動物臭の奥に人間の本質を震わせる芳香が潜んでいるとは本当に不思議です。神経質なまでに清潔がうたわれ悪臭といわれる香りが排除されつつある現代ですが、これら動物性香料は永遠に私たちを魅了し続けることでしょう。

✣シベットの野獣的香り

　シベットとは、麝香猫《じゃこうねこ》から得られる分泌物ですが、麝香鹿と違いオスとメスの両方から採ることができます。アフリカからインド・中国・マレーシアまで広く生息する麝香猫は夜行性の食肉獣で、気性がとても荒く洞窟や岩の間に巣をつくりほとんど単独で行動をしています。

　現在エチオピアではシベットの飼育が産業として成り立っており、おもにフランスやアメリカの香水メーカーへと輸出されています。シベットオイルは女性らしさを演出する香水の代表ともいえるゲラン社の「シャリマー」やシャネル社の「N°5」にも調合されています。

　檻で飼われている麝香猫は、肛門と生殖器の間にある香腺にシベットをたくわえ、それらは熟練者によって一週間から十日ごとに十グラムほどをヘラで掻き出されますが特に痛みはないようだということです。

　むかつくほどに野性的な悪臭を放つ分泌物はすぐにペースト状になります。以前は水牛の角に詰め搬送されましたが、現在では匂いが流れ出さないようにアルミニウムの容器が使われています。

　この香料も他のアニマルベースのものと同様に希釈して使われますが、エジプトの女王クレオパトラ

ジャコウネコ

バリ島の麝香猫と餌となる完熟コーヒーの実

南国の葉の器に盛られたバリ・ヒンズー教の色鮮やかな供物

麝香猫コーヒーの飲み比べ
バリではカップにコーヒーの粉を直接入れて熱湯を注ぎ、沈むのを待って飲みます。挽きたてのコーヒーの心地よい芳香に神秘的な香りが加味され、鼻の奥から脳へと立ち昇っていきます。

は、妖艶なシベットの香りをふんだんに身体にすり込みシーザーやアントニウスを魅了しました。

ヨーロッパに渡ったのは十六世紀ごろで、いつまでも消えないシベットのセクシーな芳香は大変な人気を博しました。イタリア・メディチ家の姫君カトリーヌは、最新の香料技術を携えてフランス王のもとへと嫁ぎましたが、彼女の愛した皮手袋には、ムスク、アンバーグリス、シベットの香りがつけられていたといわれます。革製品は、もともとの獣臭やなめし薬の悪臭を消す目的で香りがつけられましたが、なかでも動物性香料は皮に大変なじみがよくまた、しなやかさを保ちました。そして何よりも強烈な匂いを拭い去ると共に、皮自体が保留剤の役割を果たし定着したその魅惑的な香りは大いに長持ちしたということです。

【バリ島の麝香猫コーヒー】

以前訪れたインドネシア・バリ島での滞在は、この島が「神々の国」といわれる由縁に触れる旅となりました。

バリ島は九十パーセントがバリ・ヒンズー教の

麝香猫コーヒーの伝統的な製法

棒で搗き、粉にする

竈でゆっくり煎る

糞から未消化の豆を取り出し洗浄して乾燥する

人々で、たいへん信仰深い日常をおくっています。朝の街に出かけると、何よりも色鮮やかなお供えが目に入ることでしょう。

　毎朝祈りとともに供えられる、葉で作られた器に色合い美しく盛られた供物は、各家に隣接して建てられている自家の寺はもとより、店やヴィラの出入り口、ホテルのフロント、そして何気ない土手の上や車の行き交う交差点の真中にまで置かれているのです。それらはやがて崩れバラバラになっていきますが、すべてが自然の植物で作られているため環境を汚すことはありません。

「収入の三十パーセントを信仰の為に使うので大変なんですよ」と、ガイドさんがおっしゃっていましたが、バリの人々の深い信仰心に守られてなんだか良い一日を過ごせるような気持ちになりました。

　翌日、思いがけないことがありました。ある植物園で生きた麝香猫を目にすることができたのです。貴重な動物性香料を採取できる麝香猫は、もちろん日本には生息しておらずじっさいに見ることができるなど想像すらしたことがありませんでした。

　檻の中で恨めしそうにこちらを眺めているのが麝香猫です。決して幸せそうには見えませんが、カカオやコーヒーなどを栽培しているこの植物園は、世界で一番高価と言われる麝香猫コーヒー「KOPI LUWAK」（コピ・ルアク）の生産元だったのです。

　先進国の人々にコーヒー豆を残らずもっていかれたバリの人々が、捨て置かれた麝香猫の糞にまみれた豆を綺麗にして飲んだことより生み出されたのが麝香猫コーヒーです。糞と聞いてウッと思われる方もいらっしゃるかもしれませんが、麝香猫コーヒーは生産量の少ない大変稀少なもので、この植物園では、当時の伝統的製法を再現し展示もしています。麝香猫の檻の中にある赤い実は餌としているコーヒー豆ですが、グルメな彼らは熟した美味な豆しか食しません。餌として体内に入った豆の種は消化されず、糞と一緒に排出されてくるのです。それらをキレイにし、じっくりと煎り、さらに棒で搗いて粉状にしたものがコピ・ルアクなのです。

麝香猫の腸内での消化酵素の働きや発酵による独特な香味が豆に加わることで神秘的な風味を生みだす麝香猫コーヒーは、日本の珈琲専門店でも出されており一杯千五百円から五千円程かと思いますが、その品質にはバラつきがあるようです。どうぞ機会がありましたら、恐れずに一度お試し下さい。

❖アンバーグリスの伝説

「そのかたまりは、砂浜に打ち上げられたり、海上を浮遊していたり、時に解体されたマッコウクジラの体内から発見されました。」

(山田憲太郎『香談・東と西』法政大学出版局)

人々を不思議がらせたこの不可解な物体は、大きさも様々に灰白色から褐色の肌を持ち、蜜を固めたような艶をしていました。そしてなんとも不愉快な生臭い悪臭を放つのですが、不思議なことに他の香料に少量混ぜると女性の体臭にも似た官能的な香りを作り上げるのです。次第に珍重され始めたアンバーグリスですが、その正体はなかなか解明されず様々な伝説が生まれます。

伝説1　海底にあるという泉から湧き出る泡がかたまり、海上へと浮かび上がったもの

伝説2　大量のハチミツが海に流れ込み、太陽に照らされて固まり漂流したもの

伝説3　海底に生えるキノコに似た植物を飲み込んだクジラが死に、海岸に打ち上げられたもの

伝説4　深海のアスファルト状の鉱物が噴出して流れ着いたもの

伝説5　アンバーグリスでできた島がどこかに存在し、荒波で砕け散った岸壁の一部が漂流したもの

その他、じつに想像力豊かな説が流布されました。

九世紀頃アラビアから中国に渡ったアンバーグリスは、神獣である龍と結び付けられ、龍のよだれが

固まったものに違いないとして「龍涎香《りゅうぜんこう》」という名前で大変に珍重されたのです。

「ほんものの竜涎香を諸種の香料に混ぜ合わせて薫くと、香の煙は空中に浮かんでたなびき、結集して散らばらない。匂いを楽しむ人は、鋏でその香の煙を切ることさえできる。竜の威力が蜃気楼（昔、竜が気を吐いて楼閣などの姿を現したものと考えた）をきずくように、竜涎香のほんとうの力がそうさせるのである。……」（山田憲太郎、前掲書）

このように人々の関心を集め議論されてきたアンバーグリスですが、次第にその正体が解明され、現在ではマッコウクジラの腸内にできた病的結石との見方が有力です。

大きな塊の発見はクジラの解体の際に得られますが、必ずあるというものではありません。以前、テレビのお宝鑑定番組で沖縄の砂浜に打ち上げられたアンバーグリスが登場し、あまりの高値にため息をつきましたが、捕鯨が禁止されている今となっては、浜に打ち上げられたり海上を浮遊しているものを採取するという偶然に頼るほかなく、依然として貴重品であることには変わりないでしょう。

オーストラリア・タスマニア島の海岸に打ち上げられたアンバーグリス

では、たくさんいるクジラの種類の中で、どうしてマッコウクジラにだけこうした結石ができるのでしょうか？　採取されたその塊を分析してみると、かならず好物のイカやタコのくちばしが原形のまま残っているのが見付かります。そのため、消化されないこれらのカスが内臓を傷つけ、体内の様々な分泌物とともに結石となって固まるのではとの推測がなされていますが、その確実な解明は不思議な芳香とともに今だベールに包まれているのです。

❖カストリウムのレザーノート

その愛らしい仕種で人気のあるビーバーは、いつでも子供たちの人気者です。カストリウム（海狸香《かいりこう》）とはシベリアやカナダに生育するある種のビーバーの生殖器近くにある香嚢《こうのう》という臓器から得られる香料で、古くは医学書にも登場しましたが、現在ではおもに食品・香水産業において利用されています。

オス・メスに共通してあるポッドといわれる小袋は左右に一つずつあり、取り出して天日または煙で乾燥されます。中にある分泌物は新鮮なものほど柔らかいクリーム状をしており、乾燥とともにひとつの塊へと変化していきます。

カストリウムの香りは、大自然の中で暮らす彼らの生息する森や川の香りによって変化が生じます。シベリアのビーバーは、ブナや樺の樹皮を食べているためクレオソートやタールのような特徴がありレザー調の香りに大変マッチします。また、カナダのビーバーには、ほのかな松脂に香りがするといわれますが松やモミの皮を餌にしているからでしょう。

非常に高価な香料として取引されたカストリウムは、ビーバーの乱獲という悲劇を生みだしました。瞬く間に生息数が減少してしまったビーバーは、絶滅危機にある野生動植物の捕獲を禁じたワシントン条約によって保護の対象となり、現在では合成香料が代替え品として用いられています。

以上紹介しました四種の動物性香料には、植物からは決して得られない魅惑的な芳香が備わっています。

パウダリックなムスク、妖艶なシベット、女性の肌になじむアンバーグリス、そして男性らしさを演出するカストリウム……。

一度嗅いだだけで忘れられない印象を心に残すこれらの野性的な香りに出会ったならば、貴方もきっととりこになることでしょう。

カストリウムが得られる
乾燥したビーバーの香嚢

あとがき

日本の国を思うとき心に浮かんでくるのは豊かな山河の風景です。

「万物には魂が宿っている」

日本人の誰もが当たり前として受け入れているこうした思いを世界の人々は驚きをもってとらえています。

なぜならば、西洋でも米国でもまた、中国や朝鮮半島などのアジア諸国でも万物の頂点にいるのは人間であり、自然は人間の価値観に合うように変えていくものであると考えているからです。

海に囲まれた島国で、国土の八割は森林におおわれ南北に連なる火山帯は地震や噴火などの災害を呼び寄せる。

しかし反面、海の幸、山の幸に恵まれ、土地を耕せば豊かな実りが得られ、口にすることのできる清らかな水源が豊富に存在する。

さらに日本は異民族からの侵略を一度も受けたことがない世界で唯一の国であること、そのため、一つの文明が原始の時代から途絶えることなく培われてきました。

こうした奇跡のような風土と歴史によって、日本の美学は育まれ洗練されていったのです。

日本の香りや室礼を研究していると、そのすべてが自然への尊厳であることに気付かされます。

先人たちが積み上げてきた趣深い文化の一端をこれからも謙虚な心をもって学び、大切にお伝えしていきたいと思います。

最後になりましたが、資料を提供のうえ撮影にもご協力くださった林煌純先生、金子澄子さんに厚く御礼を申し上げます。

また前著に続き刊行してくださいました八坂書房さま、辛抱強く編集にあたってくださった三宅郁子さん、そして温かく見守ってくれた夫・宏さんに心より感謝を申し上げます。

令和元年 瑞雲

宮沢敏子

梅花《ばいか》 29, 214, 224, 225
排草香《はいそうこう》 221, 223
萩《はぎ》 191
蓮《はす》 13-16, 29, 126-128
パロサント 22, 24
氷室《ひむろ》 180
白檀《びゃくだん》 10, 15, 36, 123, 218, 220
平薬《ひらくす》 49, 50, 53, 57, 81, 101
藤 71-75
藤袴《ふじばかま》 139-142
牡丹《ぼたん》 22

[ま・や・ら行]
『枕草子』 29, 42, 144, 145, 179, 212
松 43-47, 71, 76
『万葉集』 73, 76, 118, 175, 191, 211
三島由紀夫《みしまゆきお》 21, 24-27
見立て《みたて》 37, 38
六種の薫物《むくさのたきもの》 30, 215, 224, 225
ムスク →麝香《じゃこう》
木香《もっこう》 221, 223
紅葉《もみじ》 198, 201
山吹《やまぶき》 174, 175
楊貴妃《ようきひ》 145-157
有識造花《ゆうそくぞうか》 47-51, 53, 81, 112

六国五味《りっこくごみ》 227-228
龍涎香《りゅうぜんこう》 →アンバーグリス
龍脳《りゅうのう》 15, 16, 221, 222
霊猫香《れいびょうこう》 →シベット
零陵香《れいりょうこう》 22, 24

[主な参考文献]

山中　裕『平安朝の年中行事』塙書房　1972 年
伊藤　博『万葉集』角川学芸出版　1985 年
山田憲太郎『香料・日本のにおい』法政大学出版局　1978 年
山田憲太郎『香談・東と西』法政大学出版局　1977 年
奥村恒哉『古今和歌集』新潮社　1978 年
与謝野晶子『日本古典文学・源氏物語』河出書房新社　1987 年
香道文化研究編『香と香道』雄山閣出版　1989 年
太田清史『香と茶の湯』淡交社　2001 年
三島由紀夫『三島由紀夫作品集』新潮社　1953 年
牧野和春『櫻の精神史』牧野出版局　1978 年
尾崎佐永子『源氏の恋文』求龍堂　1984 年
尾崎佐永子『源氏の薫り』求龍堂　1986 年
村山吉廣『楊貴妃』中公新書　1997 年
杉山次郎『正倉院』ブレーン出版　1975 年
産経新聞社『美の脇役』淡交新社　1961 年
岡本太郎『日本の伝統」光文社　1956 年
吉岡幸雄『日本の色辞典』紫紅社　2000 年
犬養孝監修『万葉の旅』創元社　1990 年
亀井勝一郎『古典美への旅』主婦の友社　1965 年
『王朝の遊び』紫紅社　1992 年

索　引

[あ行]
葵桂　あおいかつら　179-181
アロマストーン　38, 39
安息香　あんそくこう　15, 29, 214, 215
印香　いんこう　34-36
アンバーグリス　233, 234
梅　29, 51, 52, 211-213
折形　おりがた　65-67

[か行]
貝合わせ　54, 56
貝香　かいこう　221, 222
海狸香　かいりこう　→カストリウム
『懸物図鏡』　かけものずかがみ　53, 81, 104, 117, 199
挿頭華　かざし　49, 80
梶　かじ　191
カストリウム　234, 235
カッ香　219, 220, 222
狩野探幽　かのうたんゆう　82, 84
賀茂祭　かもまつり　180, 181
川逍遙　かわしょうよう　187
荷葉　かよう　29, 215, 224
狩衣　かりぎぬ　195
呵梨勒　かりろく　129-131, 221, 222
甘松　かんしょう　219, 220
菊　103, 106-109, 113-115
乞巧奠　きこうでん　95-97
被綿　きせわた　106, 107, 108
伽羅　きゃら　91, 92 , 99, 227, 228
曲水の宴　きょくすいー　176, 177
薬玉　くすだま　79, 80, 106, 109, 112, 185
薫衣香　くのえこう　30, 143-145
組香　くみこう　89-92, 107, 110, 111, 159
クローブ　→丁子
黒方　くろほう　29, 31, 214, 224, 225
桂皮　けいひ　15, 36, 219, 220
『源氏物語』　28-32, 75, 139-143, 175, 176, 187, 188, 205, 214, 215
甲香　こうこう　226
香積如来菩薩　こうしゃくにょらいぼさつ　12, 13
香道　こうどう　158-162
香時計　こうどけい　133-136
香炉　こうろ　35, 158, 160-162
呉茱萸　ごしゅゆ　200

[さ行]
酒井抱一　さかいほういつ　41, 97, 104, 176, 183
桜　55, 57, 170-173
残菊の宴　ざんぎくー　203
散華　さんげ　126-128
シベット　230, 231
芍薬　しゃくやく　21, 22
麝香　じゃこう　229, 230
麝香猫コーヒー　じゃこうねこー　231-233
種々薬帳　しゅじゅやくちょう　86, 87, 88, 131
修二会　しゅにえ　17, 18, 122-125
茱萸嚢　しゅゆのう　104-106, 199, 200
常香盤　じょうこうばん　136-138
正倉院　しょうそういん　58-64, 86 -89, 126, 128, 154-157
菖蒲　しょうぶ　15, 68, 69, 70, 80, 183-185
沈香　じんこう　92, 225
塗香　ずこう　132, 133
鈴木其一　すずききいつ　77, 79, 80
千利休　せんのりきゅう　37

[た行]
大茴香　だいういきょう　15, 221, 223
薫物　たきもの　28-36, 214, 218
七夕　たなばた　191-193
端午　たんご　65-69, 80, 184, 185
鎮魂祭　たましずめのまつり　207-209
丁子　ちょうじ　15, 22, 39, 219, 220
椿　17-20, 118-125
釣殿　つりどの　187, 188
『徒然草』　つれづれぐさ　196
『堂上方御詠 十二カ月色紙和歌画帖』　とうしょうがたぎょえいー　164-213

[な・は行]
新嘗祭　にいなめさい　116, 207, 209
練香　ねりこう　28-33, 212, 213, 214, 224-227
軒菖蒲　のきしょうぶ　68, 69, 78

著者紹介

宮沢敏子（みやざわ としこ）

東京生まれ。香りと室礼作家。
日本の文化や歴史を背景に自然の生み出したフレグランスと室礼の普及に努め、1992年より「香り花房・かおりはなふさ」主宰。野の花を愛し茶道・仕覆に親しみ、独特の感性をもってその世界を表現している。

著書：『日本の香り物語』八坂書房
（渡辺敏子名義で執筆）

URL　http://www.kaorihanafusa.jp

日本《にほん》の香《かお》りと室礼《しつらい》　伝えていきたい美しい文化

2019年 12月 25日　初版第 1 刷発行

著　者　宮　沢　敏　子
発行者　八　坂　立　人
印刷・製本　シナノ書籍印刷(株)

発行所　(株)八　坂　書　房
〒101-0064 東京都千代田区神田猿楽町 1-4-11
TEL.03-3293-7975　FAX.03-3293-7977
URL: http://www.yasakashobo.co.jp

ISBN 978-4-89694-268-2